全国中等职业学校机械类/工程技术类专业通用

全国技工院校机械类/工程技术类专业通用（中级技能层级）

机械制图（少学时）（第二版）习题册

果连成　主编

中国劳动社会保障出版社

简介

本习题册是全国中等职业学校机械类/工程技术类专业通用教材、全国技工院校机械类/工程技术类专业通用教材（中级技能层级）《机械制图（少学时）（第二版）》的配套用书。本习题册紧扣教学要求，按照教材章节顺序编排，知识点分布均衡，题型丰富多样，难易配置适当，有助于学生复习巩固所学知识。

本习题册由果连成主编，钱可强、周靖明、徐坤参加编写，崔兆华主审。

图书在版编目(CIP)数据

机械制图（少学时）（第二版）习题册/果连成主编. -- 北京：中国劳动社会保障出版社，2019

全国中等职业学校机械类/工程技术类专业通用　全国技工院校机械类/工程技术类专业通用：中级技能层级

ISBN 978-7-5167-4128-3

Ⅰ.①机…　Ⅱ.①果…　Ⅲ.①机械制图-中等专业学校-习题集　Ⅳ.①TH126-44

中国版本图书馆 CIP 数据核字（2019）第 171039 号

中国劳动社会保障出版社出版发行

（北京市惠新东街 1 号　邮政编码：100029）

出 版 人：张梦欣

*

北京宏伟双华印刷有限公司印刷装订　新华书店经销

787 毫米×1092 毫米　16 开本　14.75 印张　176 千字

2019 年 8 月第 1 版　2022 年11月第 7 次印刷

定价：24.00 元

营销中心电话：400-606-6496

出版社网址：http://www.class.com.cn

http://jg.class.com.cn

目　录

第 1 章　制图基本知识与技能……………………………………（1）
第 2 章　正投影作图基础………………………………………（12）
第 3 章　组合体…………………………………………………（36）
第 4 章　机械图样的基本表示法………………………………（61）
第 5 章　机械图样的特殊表示法………………………………（82）
第 6 章　零件图…………………………………………………（91）
第 7 章　装配图…………………………………………………（107）
*第 8 章　其他专业图样…………………………………………（113）

第1章　制图基本知识与技能

1—1　字体练习（一）

1.

1234567890

ABCDEFGHIJKLMN

三川 … 土千大七

标准化长方体工程机械设备技术要求例

2.

职业学校院系专业班级制描图审核序号名称材料件数

班级　　姓名　　学号

1—2 字体练习（二）

1.

OPQRSTUVWXYZ

abcdefghijklmnopqrstuvwxyz

I II III IV V VI VII IX X

α β γ δ θ μ π σ φ ϕ

2.

设 计 平 立 侧 主 俯 仰 视 向 剖 断 面 前 后 左 右 内 外 中 高 低

1—3 图线练习，将所给图线、图形抄画在给定位置

1. 图线

2. 图形

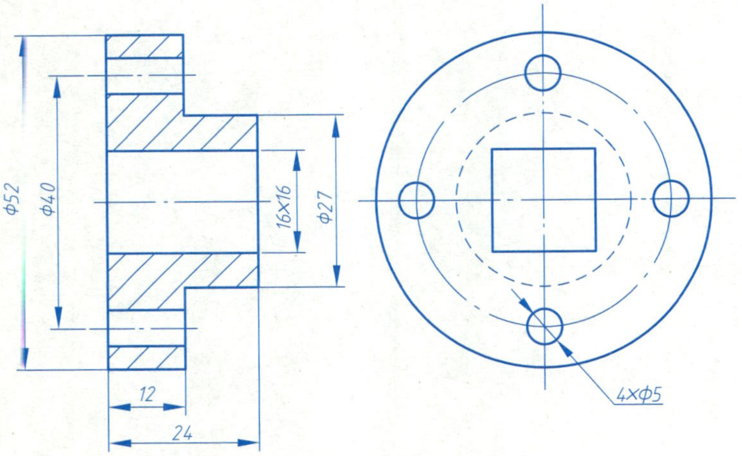

1—4 尺寸标注练习（一）标注指定的尺寸（需标注尺寸数值从图中量取，取整数）

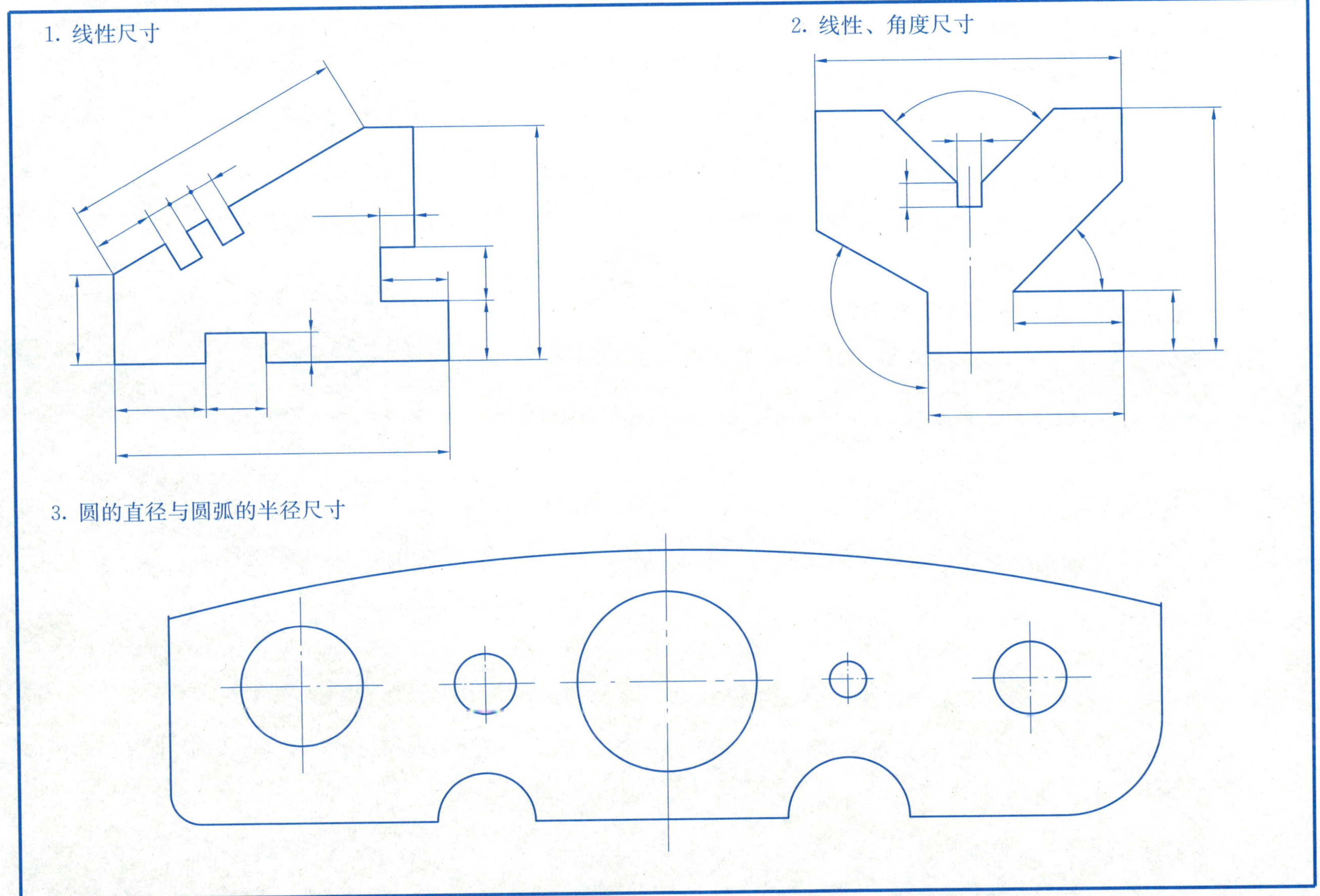

班级　　姓名　　学号

右图中尺寸标注有错误，在左图上正确标注尺寸

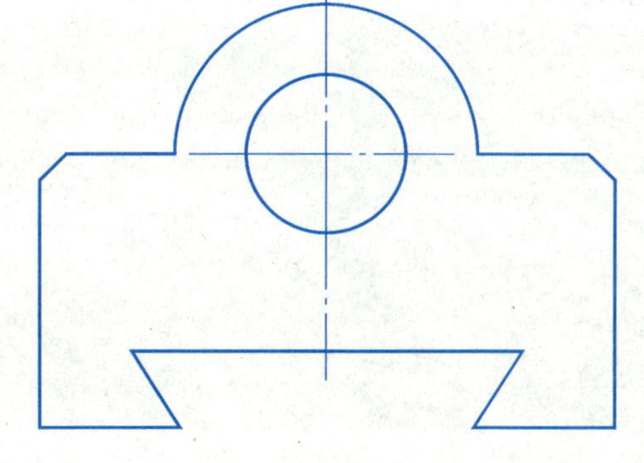

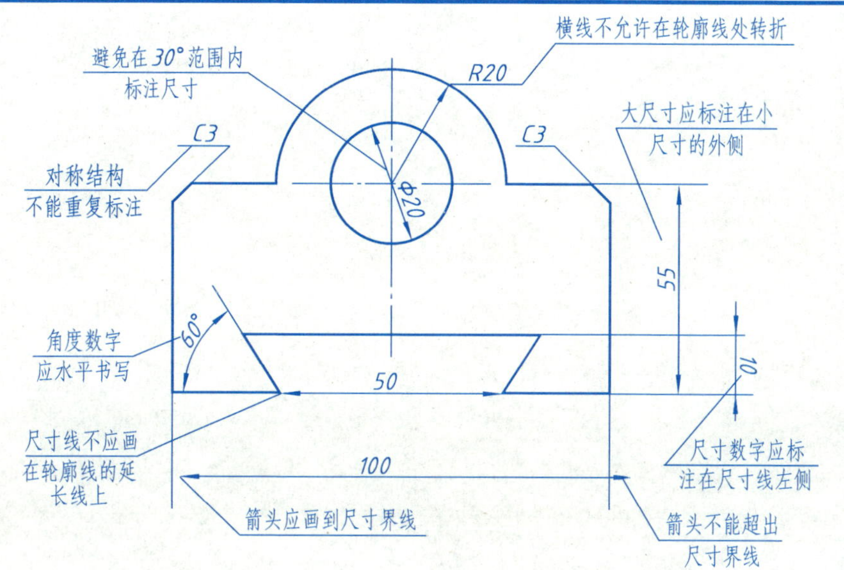

1—6 基本作图练习

1. 将线段 AB 七等分
A
B
2. 按给定的长轴和短轴，用四心法画近似椭圆
D
A
O
B
C
3. 作圆内接正六边形
C
A
O
B
D
4. 作圆内接正五边形
C
A
O
B
D
5. 参照右上角示意图，作带有 1∶4 斜度的图形
∠1:4
6. 参照右上角示意图，作带有 1∶3 锥度的图形
1:3

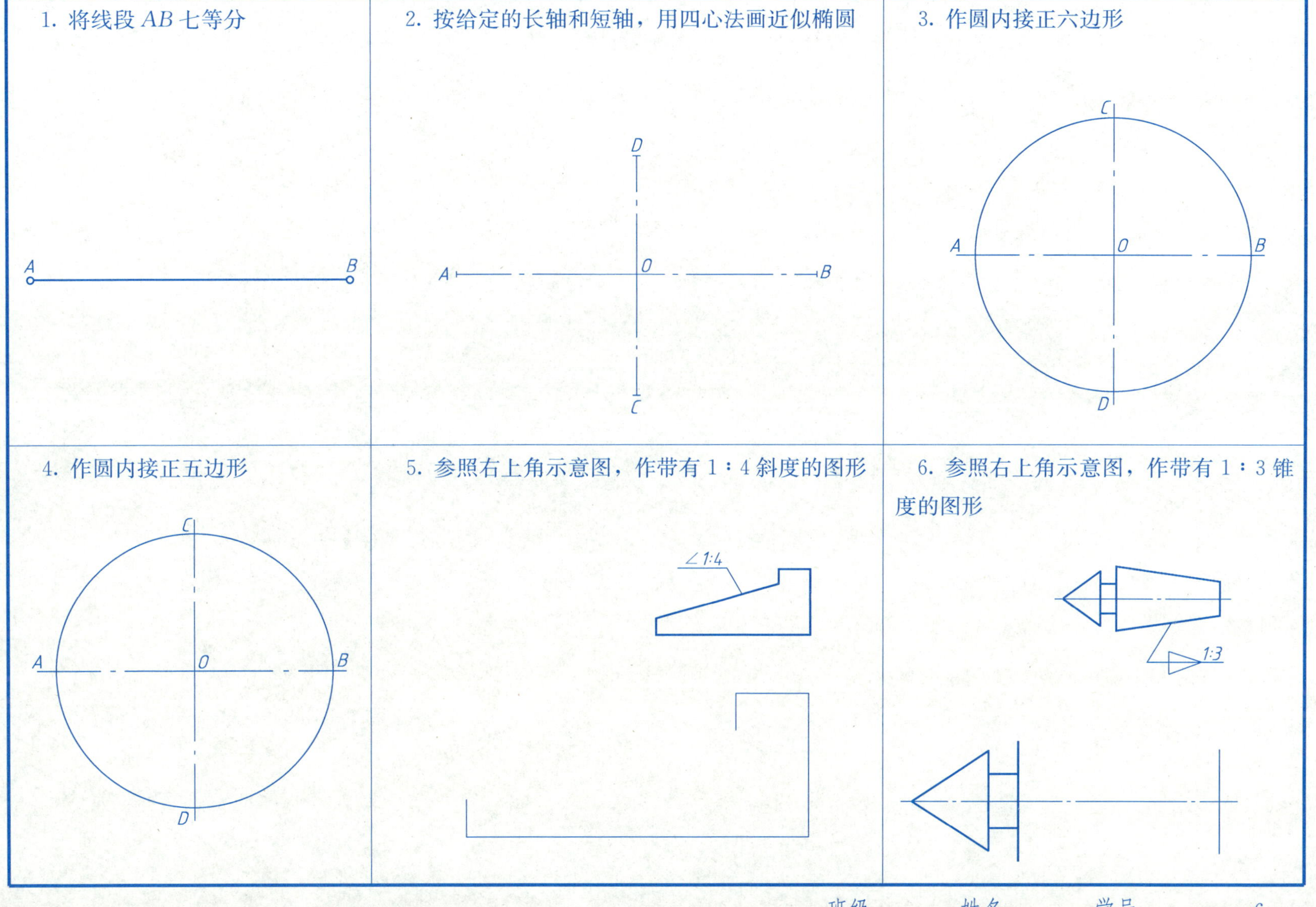

1—7 参照图例，用给定的尺寸作圆弧连接（标出切点，保留作图线）

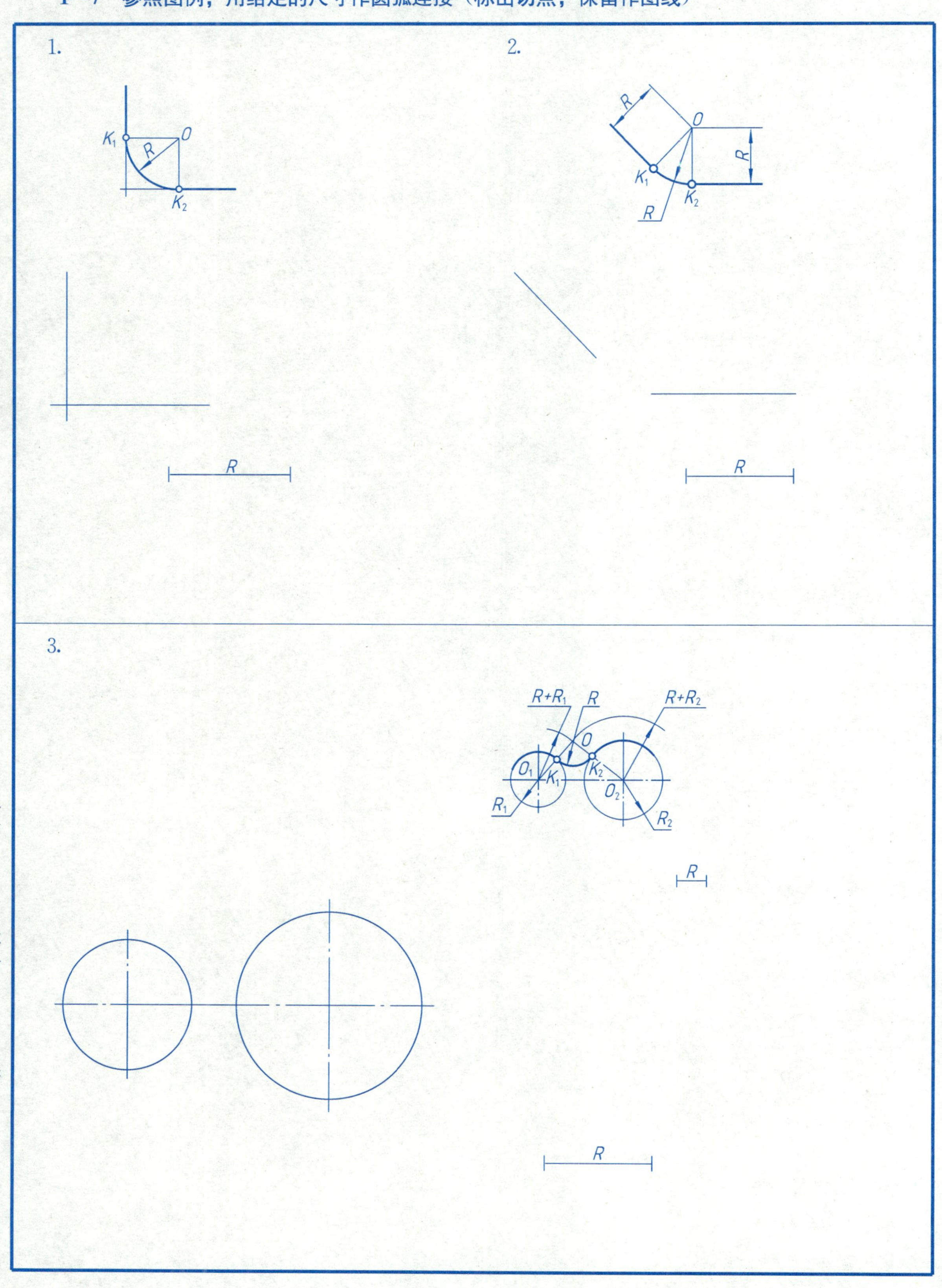

*1—8　按图上所注尺寸完成下列图形的线段连接（比例为 1∶1）

1—9　第一次作业——基本练习

作业提示

1. 初步掌握国家标准对制图的基本规定，学会绘图仪器和工具的使用方法。抄画平面图形：（1）线型；（2）平面图形（扳手、挂轮架），可任选一个图形并标注尺寸。

2. 要求：图形正确，布图适中，线型规范，字体工整，尺寸齐全，符合国家标准，连接光滑，图面整洁。

3. 图样名称：基本练习

4. 图幅：A4 图纸（标题栏参照教材图 1—4，图纸位置应根据图形选择横向或竖放）

5. 比例：1∶1

6. 绘图步骤及注意事项

（1）绘图前应对所绘图形仔细分析及研究，以确定绘图步骤，特别要注意正确绘出零件轮廓线上圆弧连接的各切点及圆心位置。在布置图面时，还应考虑预留标注尺寸的位置。

（2）线型：粗实线宽度为 0.5～0.7 mm，细实线和细虚线宽度为粗实线的 1/2，细虚线每画长度为 3～ 4 mm，间隙约为 1 mm，点画线每段长为 15～20 mm，间隙及作为点的短画各约 1 mm。

（3）字体：图中汉字均为长仿宋体，应先按指定的大小打格子，然后写字；写数字前应先按字高轻画两条平行线，以保证尺寸数字高度一致。

（4）底稿线以轻、细、准为宜，有的底稿线不一定完全画出，只要达到定位作用即可。

7. 箭头：长度应按约为线宽的 6 倍画。

8. 加深：完成底稿后，必须仔细校核，然后用规定的铅笔加深。圆规的铅芯应比画直线的铅笔软一号。

（1）线型

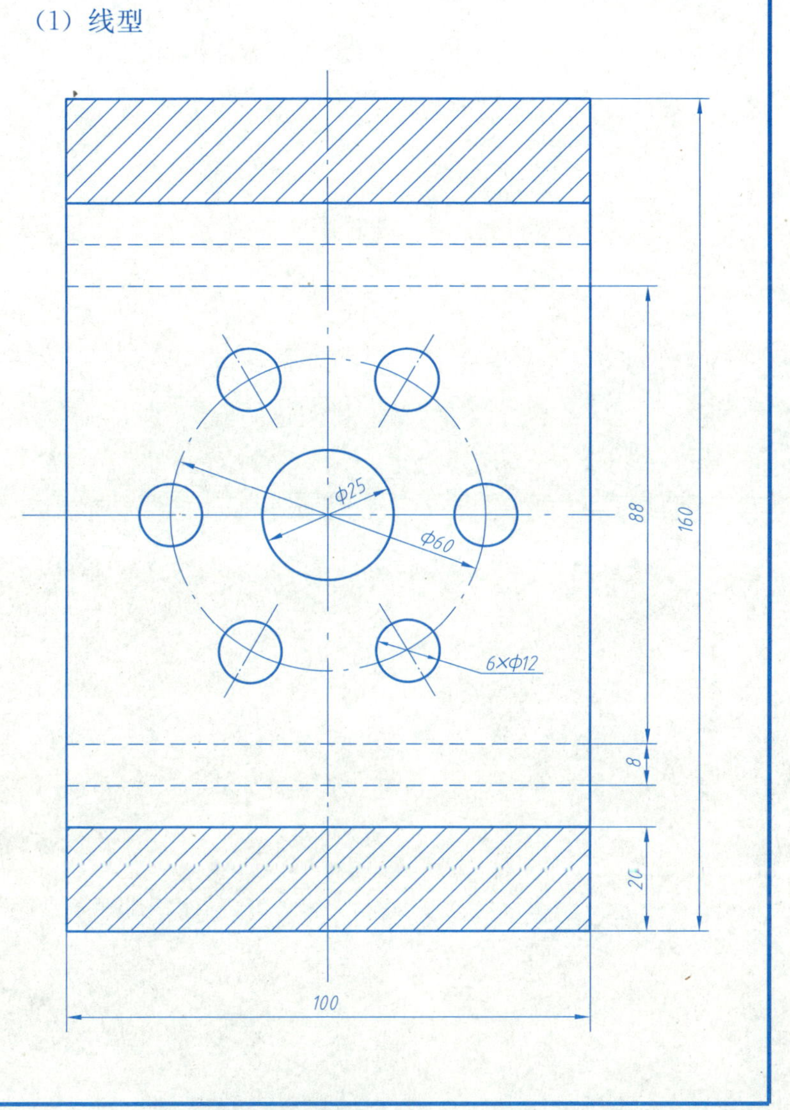

1—9（续）

(2) 平面图形

1）扳手

2）挂轮架

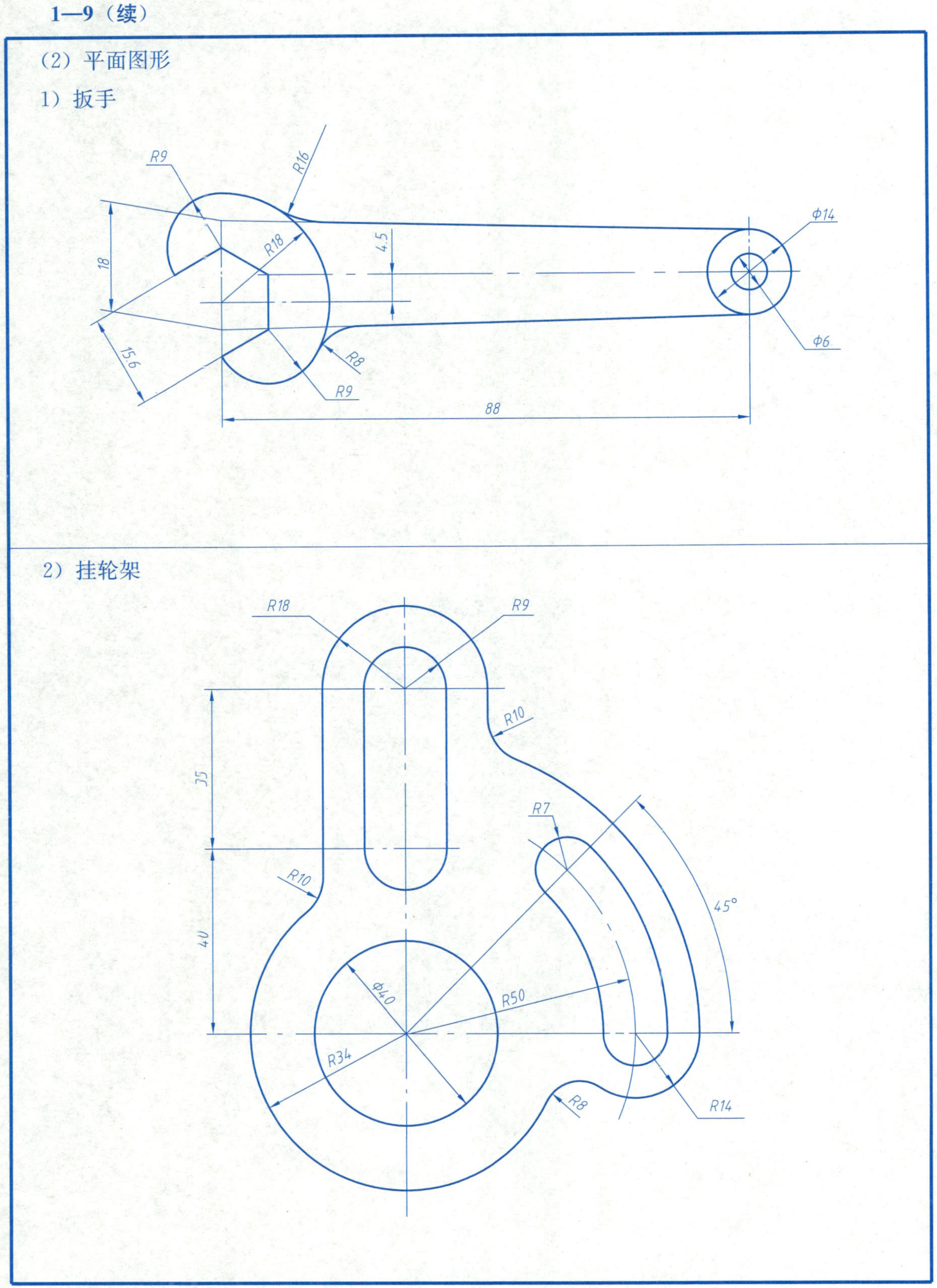

1. 填空题（每空 2 分，共 40 分）

（1）图纸的基本幅面有____种，其中 A4 幅面为______________。

（2）在机械图样中采用粗细____种线宽，粗、细线宽的比例为______。

（3）标题栏一般配置在图框的__________，标题栏中的文字方向为______方向。

（4）1∶2 是______比例，2∶1 是______比例。若实物长度为 50 mm，按 1∶4 的比例绘制，则应标注______。

（5）字体的号数即为字体的____，单位是____。图样中汉字应采用______体。

（6）标注尺寸由________、________、________三个要素组成，线性尺寸的数字应注写在尺寸线的______或______。图样中所注的尺寸数值为机件的________尺寸。

（7）图样中标注斜度符号要与斜度方向____，锥度符号的方向应与____方向一致。

2. 指出图中标注尺寸的错误，在指定位置图形上正确地标注尺寸（30 分）

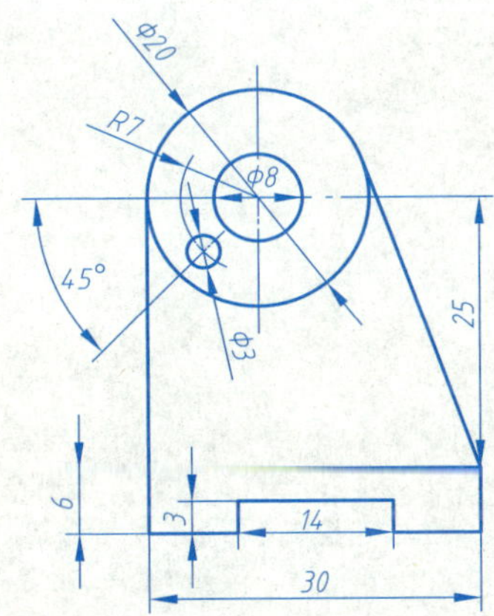

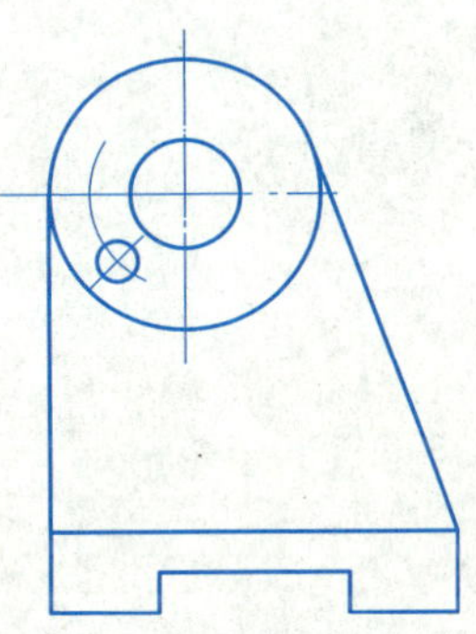

3. 用比例 1∶1 抄画连杆图形，并标注全部尺寸（未知尺寸从图中量取，取整数）（30 分）

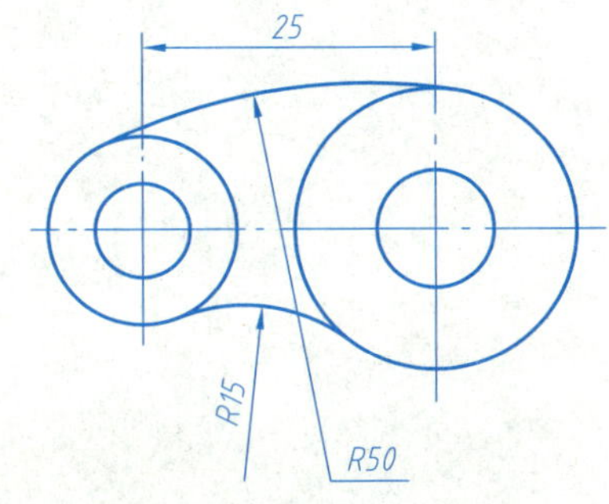

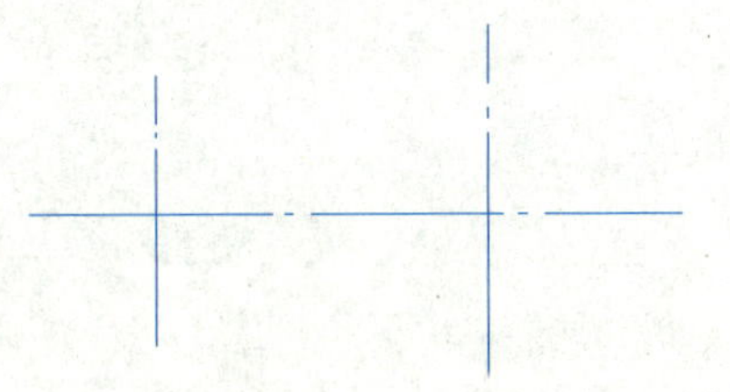

第 2 章　正投影作图基础

2—1　三视图的投影关系和方位关系

1. 在三视图中填写视图名称，并在尺寸线上的括号中选填“长”“宽”“高”

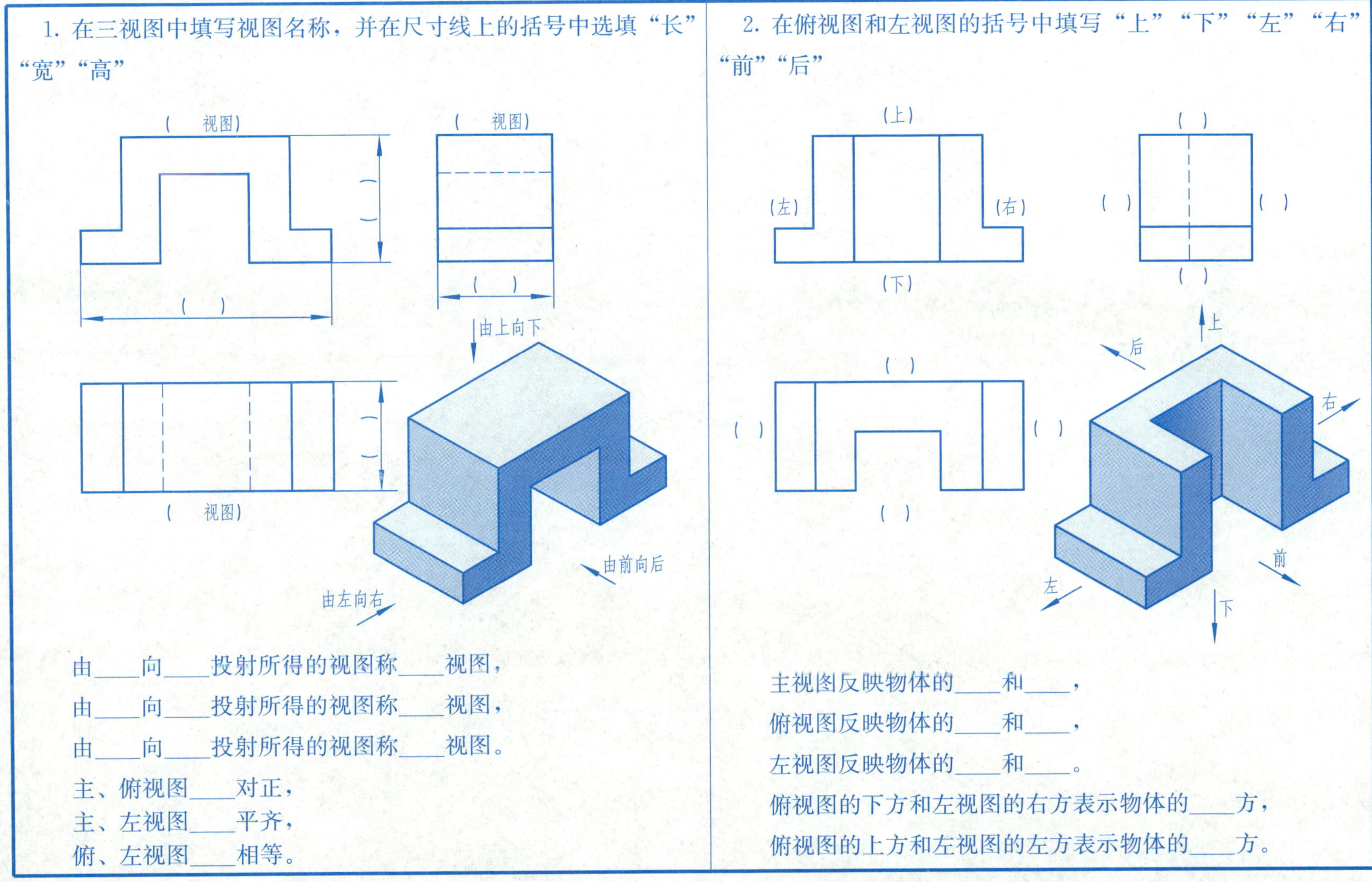

由____向____投射所得的视图称____视图，

由____向____投射所得的视图称____视图，

由____向____投射所得的视图称____视图。

主、俯视图____对正，

主、左视图____平齐，

俯、左视图____相等。

2. 在俯视图和左视图的括号中填写“上”“下”“左”“右”“前”“后”

主视图反映物体的____和____，

俯视图反映物体的____和____，

左视图反映物体的____和____。

俯视图的下方和左视图的右方表示物体的____方，

俯视图的上方和左视图的左方表示物体的____方。

2—2　根据物体的三视图，找出对应的立体图（在括号中填写对应的序号）

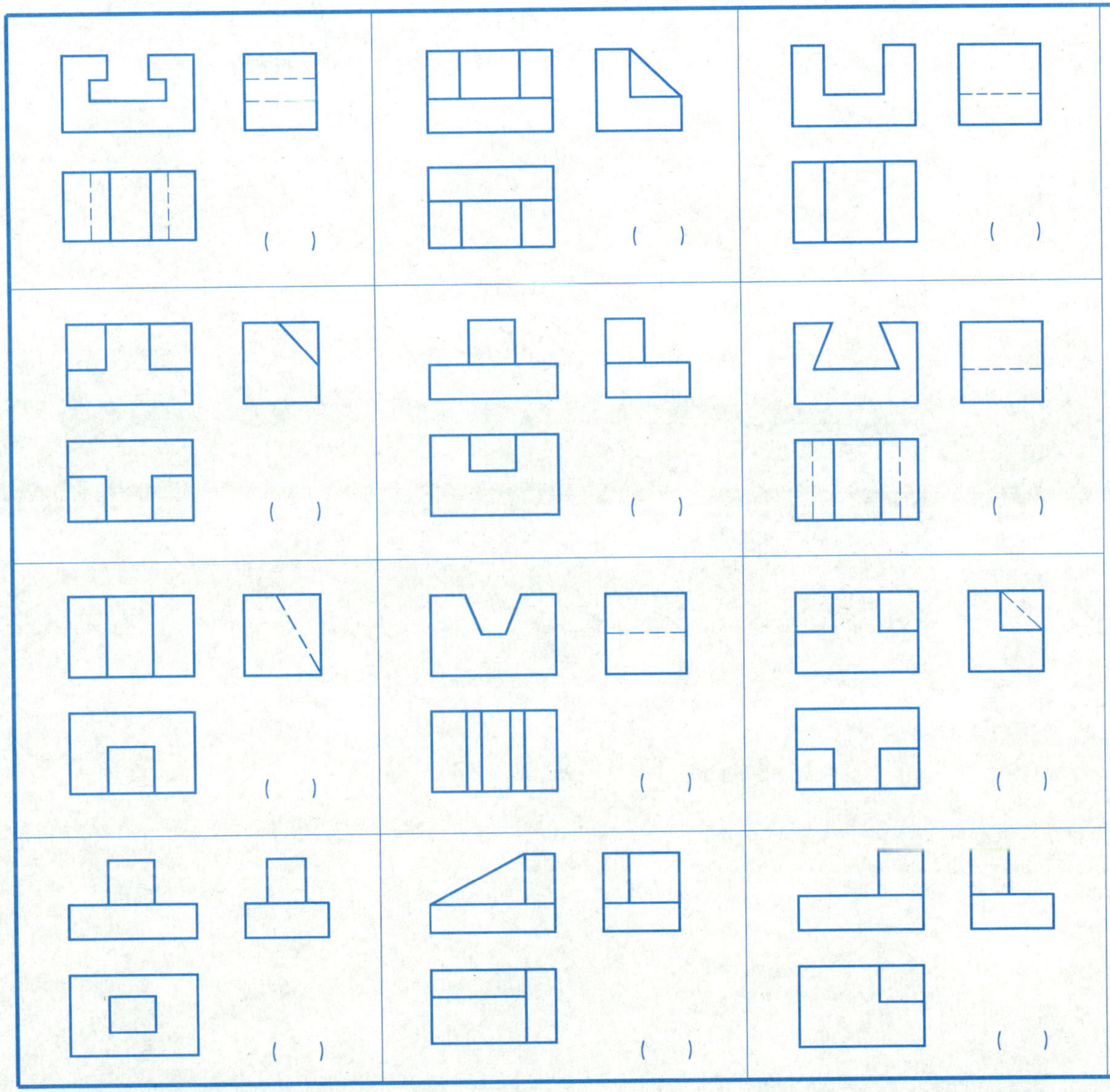

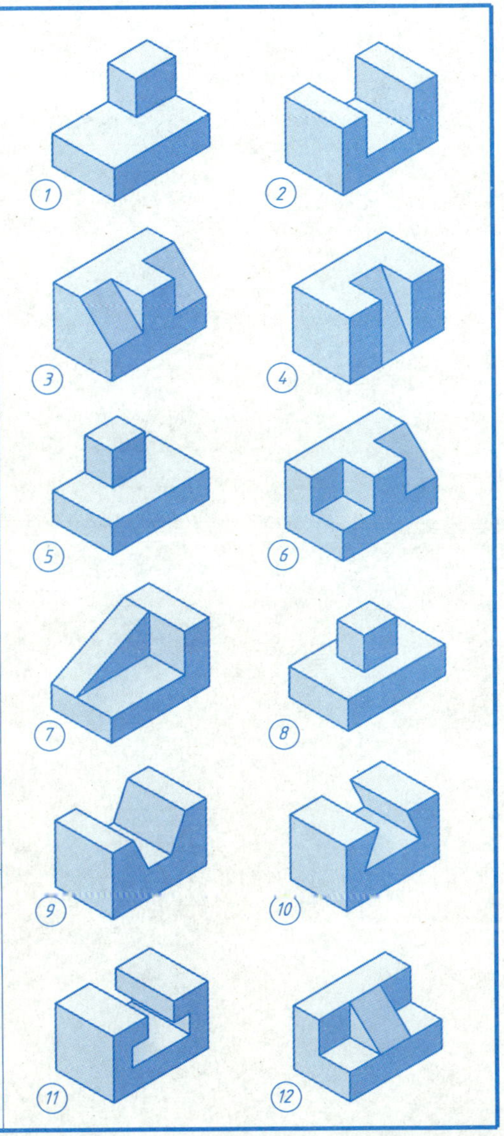

（　）（　）（　）

（　）（　）（　）

（　）（　）（　）

（　）（　）（　）

①②③④⑤⑥⑦⑧⑨⑩⑪⑫

2—3 参照立体图，补画三视图中漏画的图线，并填空

1. 在立体图上标出题中所示平面的字母

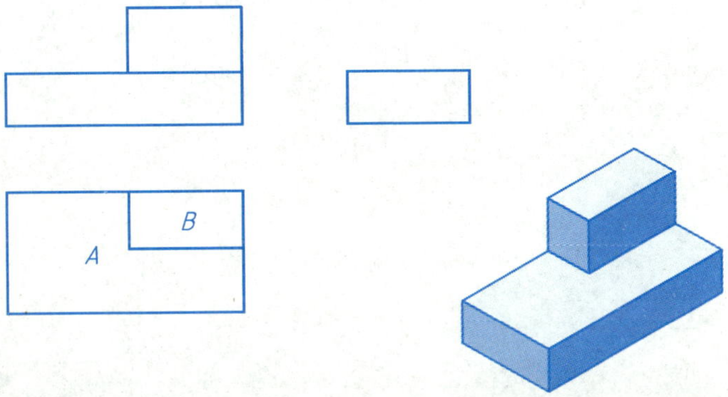

比较俯视图中两个平面的上、下位置：

A 面在____，*B* 面在____。

2. 在立体图上标出题中所示平面的字母

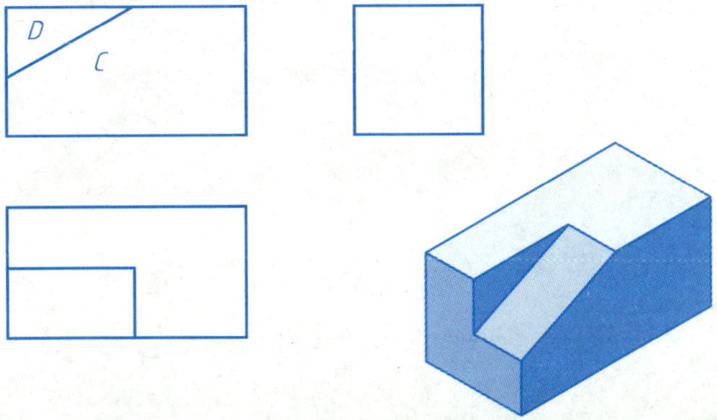

比较主视图中两个平面的前、后位置：

C 面在____，*D* 面在____。

3. 在立体图上标出题中所示平面的字母

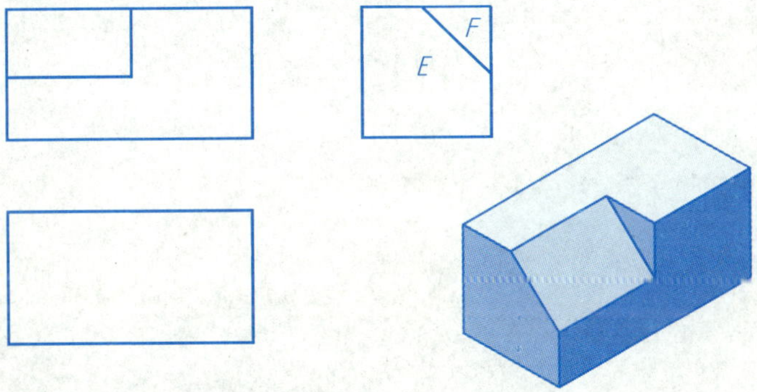

比较左视图中两个平面的左、右位置：

E 面在____，*F* 面在____。

4. 在三视图上标出 *A*、*B*、*C* 三个平面的字母

比较 *A*、*B*、*C* 三个平面的前、后位置：

A 面在 *B* 面之____，*C* 面在 *B* 面之____。

2—4 参照立体图，补画三视图中漏画的图线

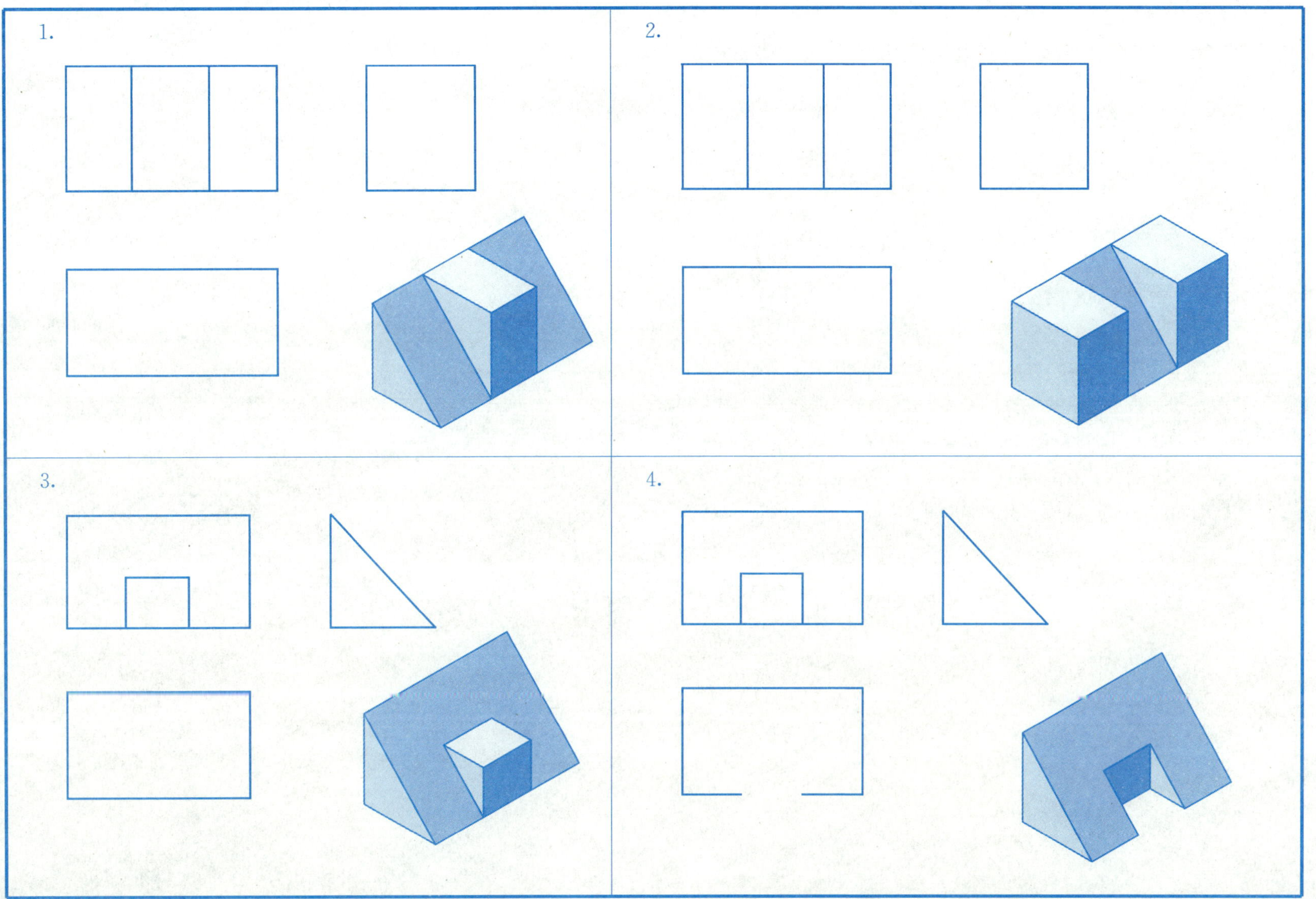

2—5　根据立体图，辨认其相应的两视图（将编号写在立体图下的括号内），并补画第三视图

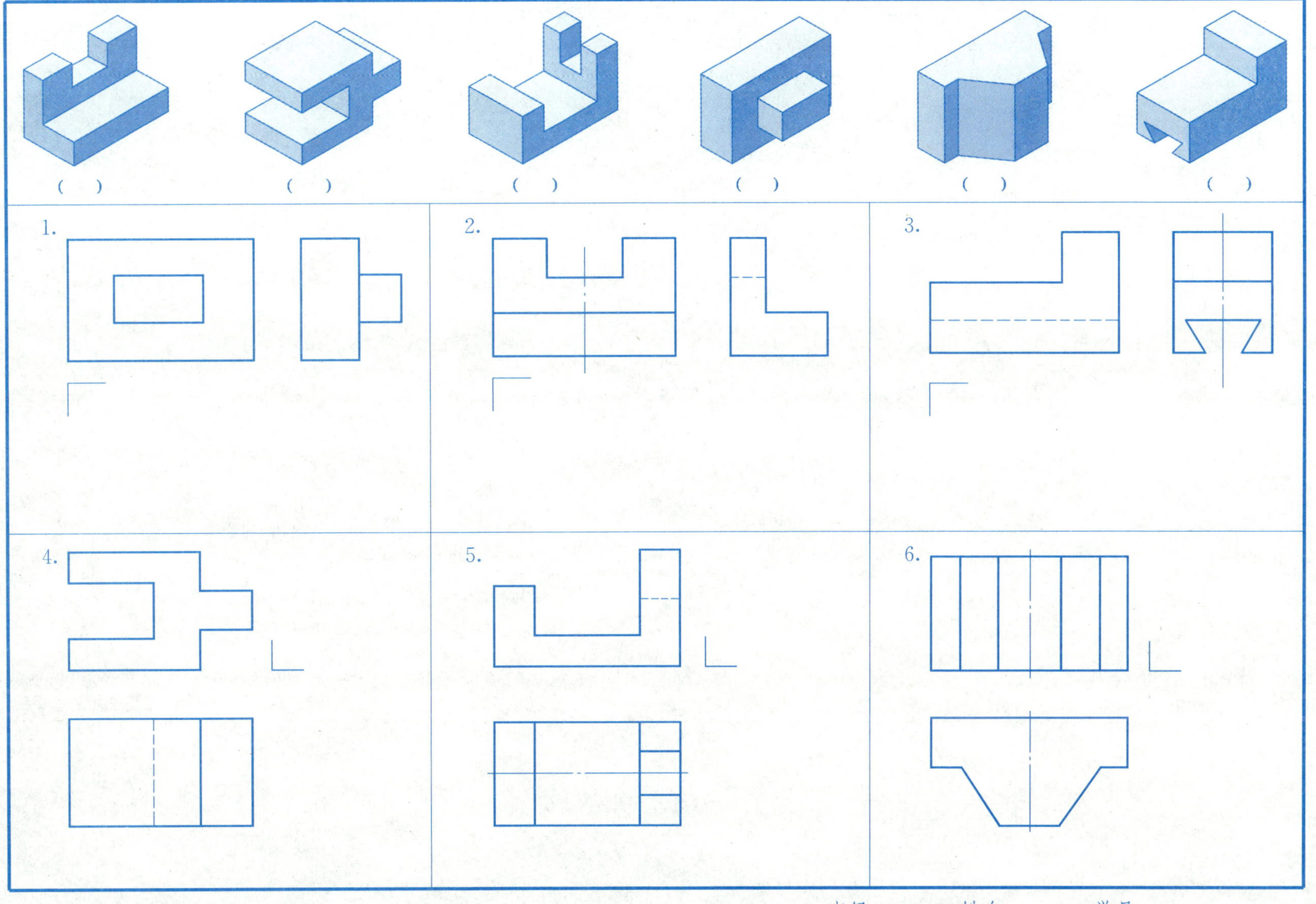

2—6 点的投影（一）

1. 按立体图作点 A 的三面投影（坐标值在立体图中量取，取整数）

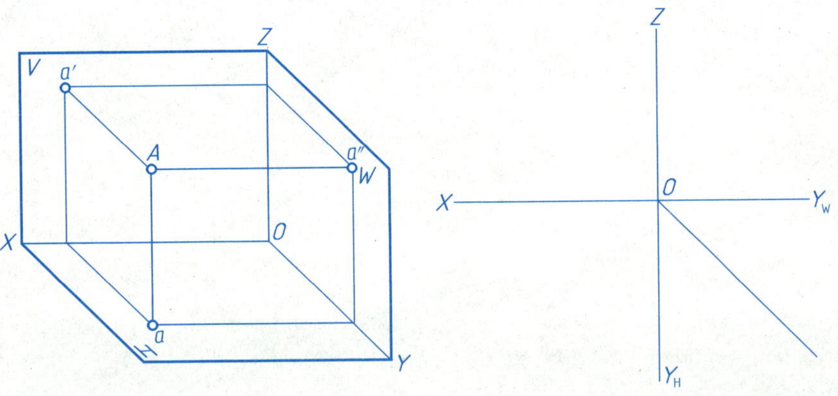

2. 已知点 B、C 的两面投影，求作第三投影

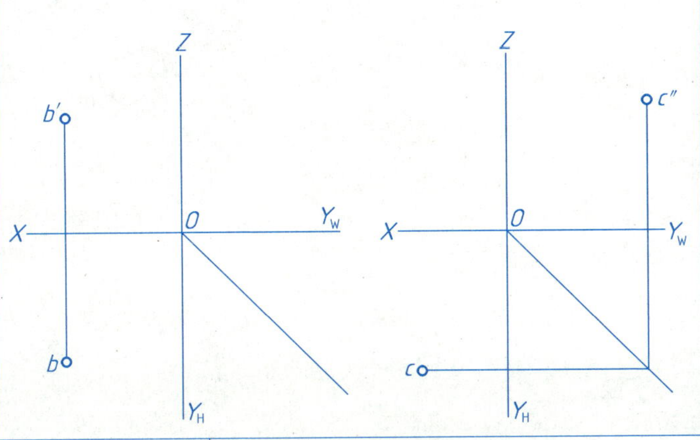

3. 作点 A（25，20，25）、B（15，0，20）的三面投影，并填写它们与投影面的距离

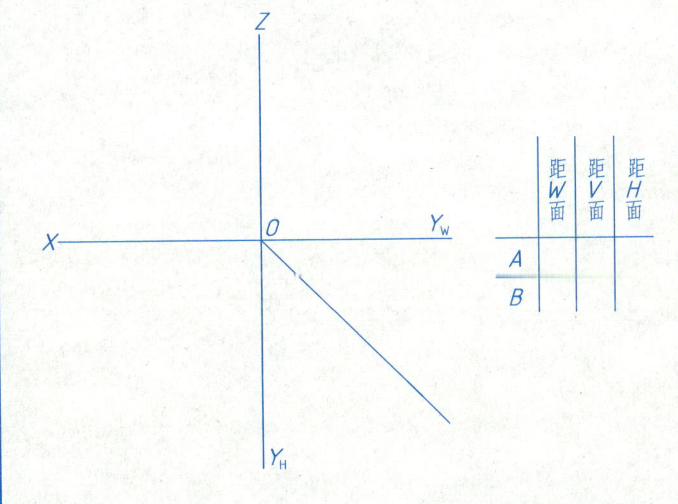

	距 W 面	距 V 面	距 H 面
A			
B			

4. 已知点 C 的三面投影，点 D 在点 C 之右 20 mm、之前 15 mm、之下 10 mm 处，求作点 D 的三面投影

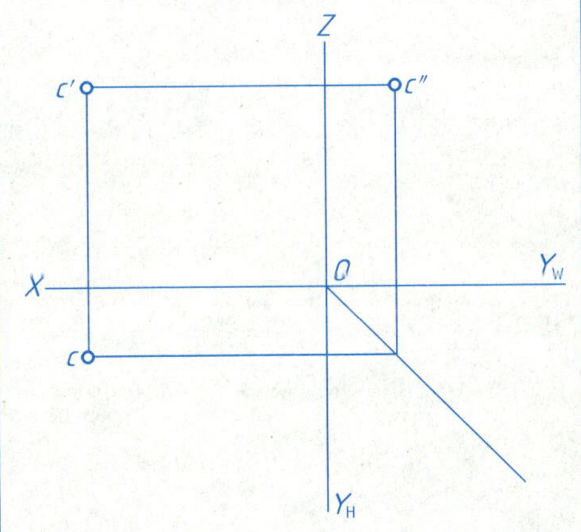

5. 已知点 E、F 的 H 面、V 面投影，求作其 W 面投影，并标明可见性

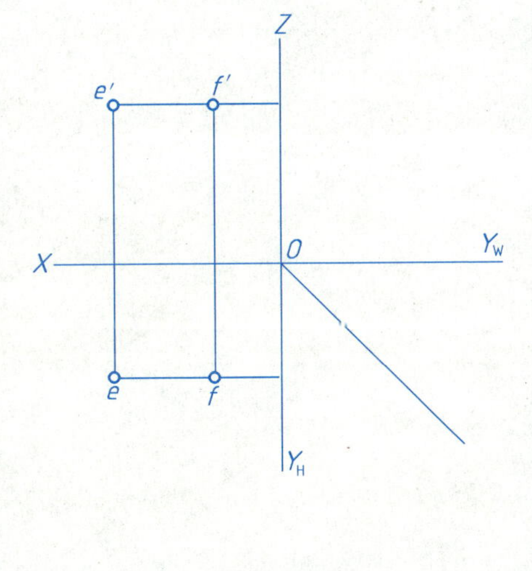

2—7 点的投影（二）

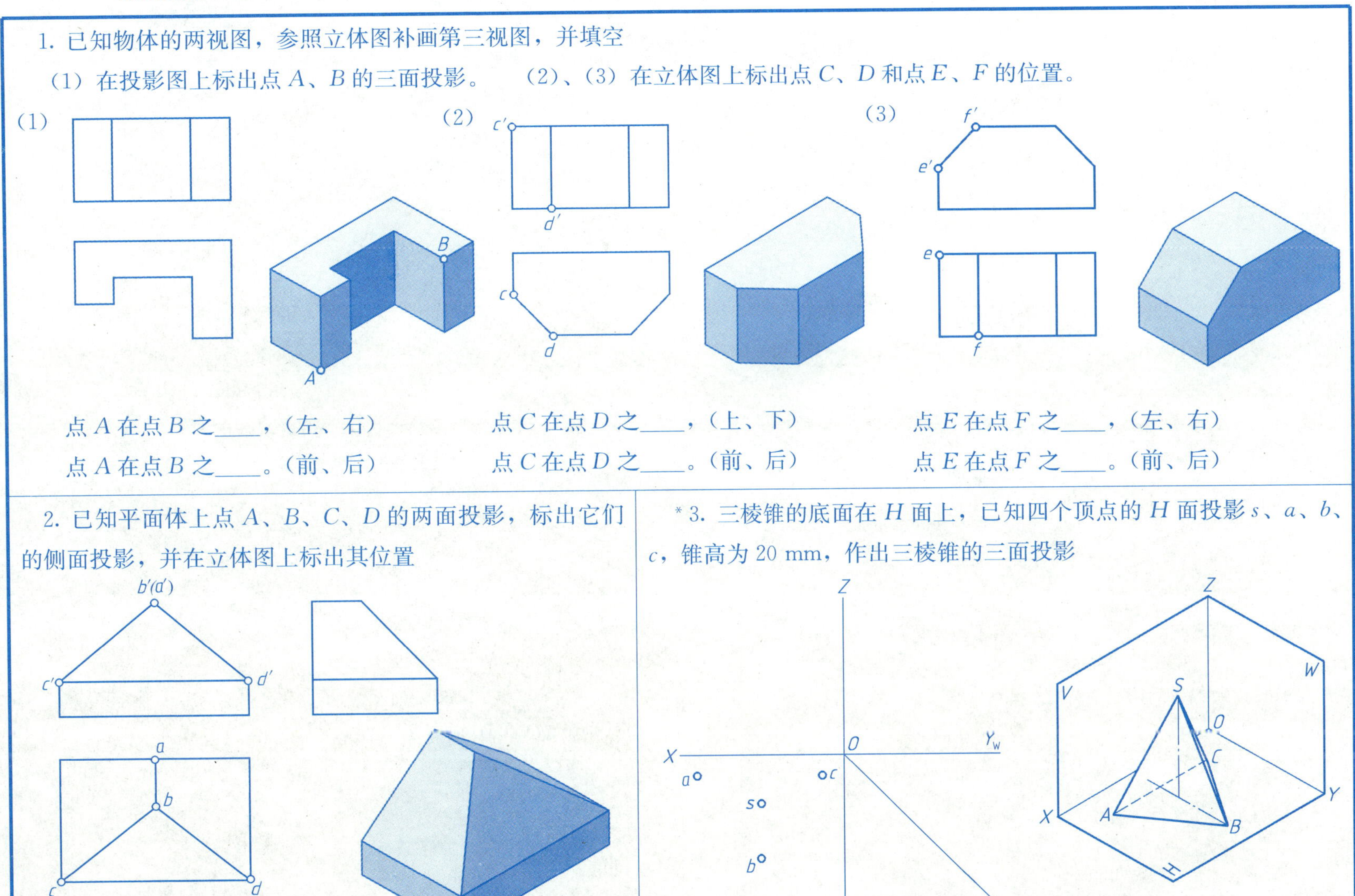

1. 已知物体的两视图，参照立体图补画第三视图，并填空

（1）在投影图上标出点 A、B 的三面投影。（2）、（3）在立体图上标出点 C、D 和点 E、F 的位置。

点 A 在点 B 之____，（左、右）
点 A 在点 B 之____。（前、后）

点 C 在点 D 之____，（上、下）
点 C 在点 D 之____。（前、后）

点 E 在点 F 之____，（左、右）
点 E 在点 F 之____。（前、后）

2. 已知平面体上点 A、B、C、D 的两面投影，标出它们的侧面投影，并在立体图上标出其位置

*3. 三棱锥的底面在 H 面上，已知四个顶点的 H 面投影 s、a、b、c，锥高为 20 mm，作出三棱锥的三面投影

2—8　直线的投影

1. 判断下列各直线与投影面的相对位置，并填空

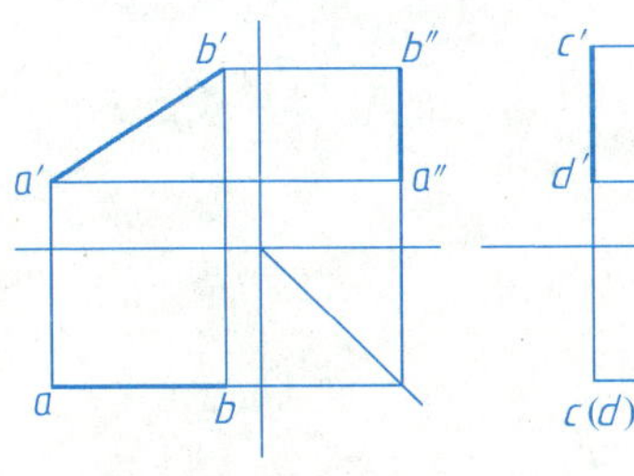

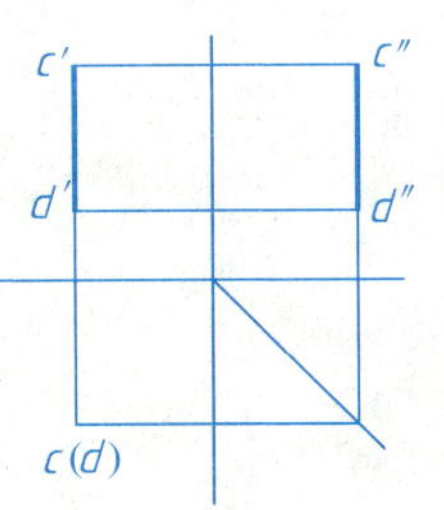

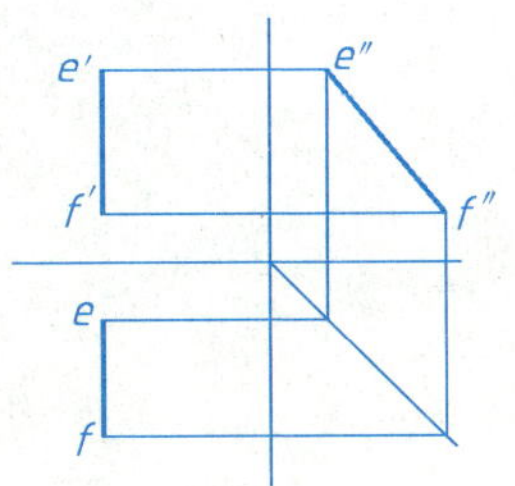

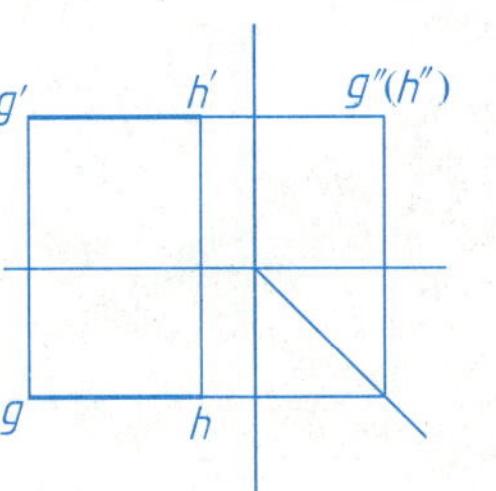

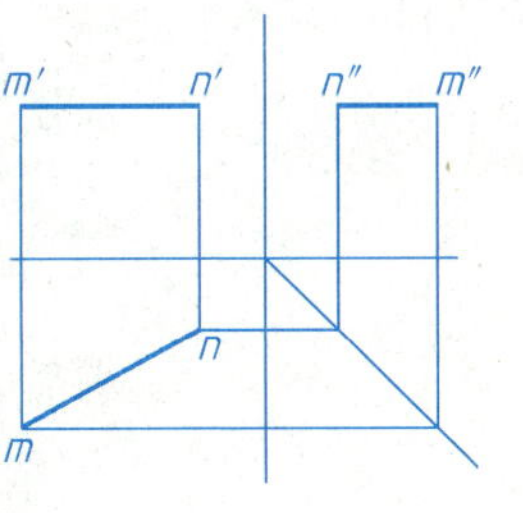

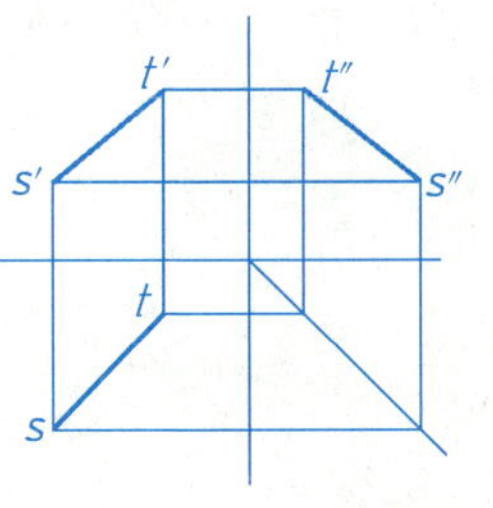

________线　________线　________线　________线　________线　________线

2. 补画俯、左视图中的漏线，标出立体图上 A、B、C 三点的三面投影，并填空

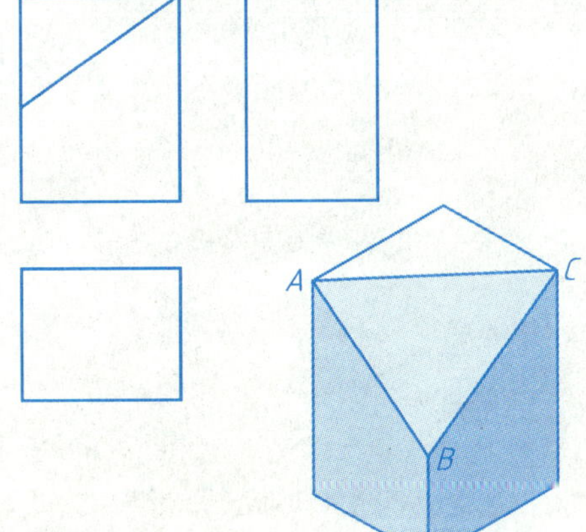

AB 是______线，

BC 是______线，

CA 是______线。

3. 已知正三棱台的主、俯视图，求作左视图，并填空

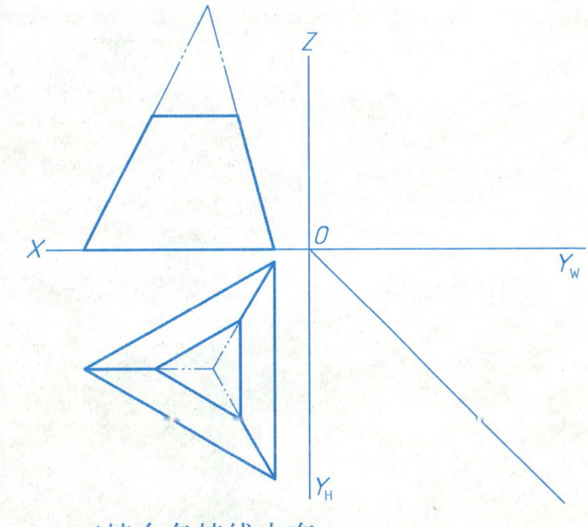

三棱台各棱线中有：

____条水平线，____条正平线，

____条正垂线，____条一般位置直线。

4. 在三视图中标出各点的投影，并填空

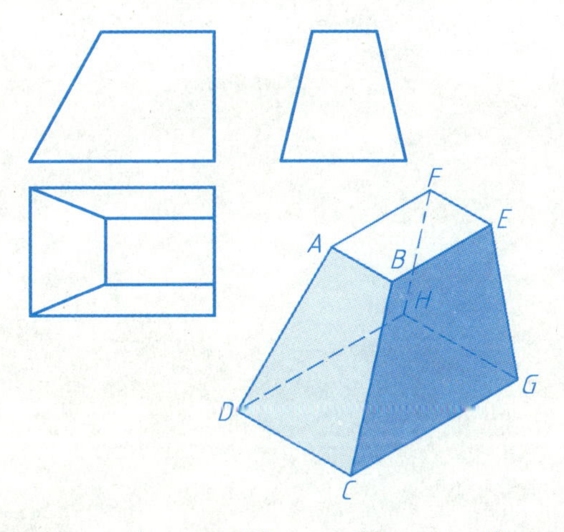

AB 是______线，BC 是______线，

BE 是______线，EG 是______线。

2—9　平面的投影（一）

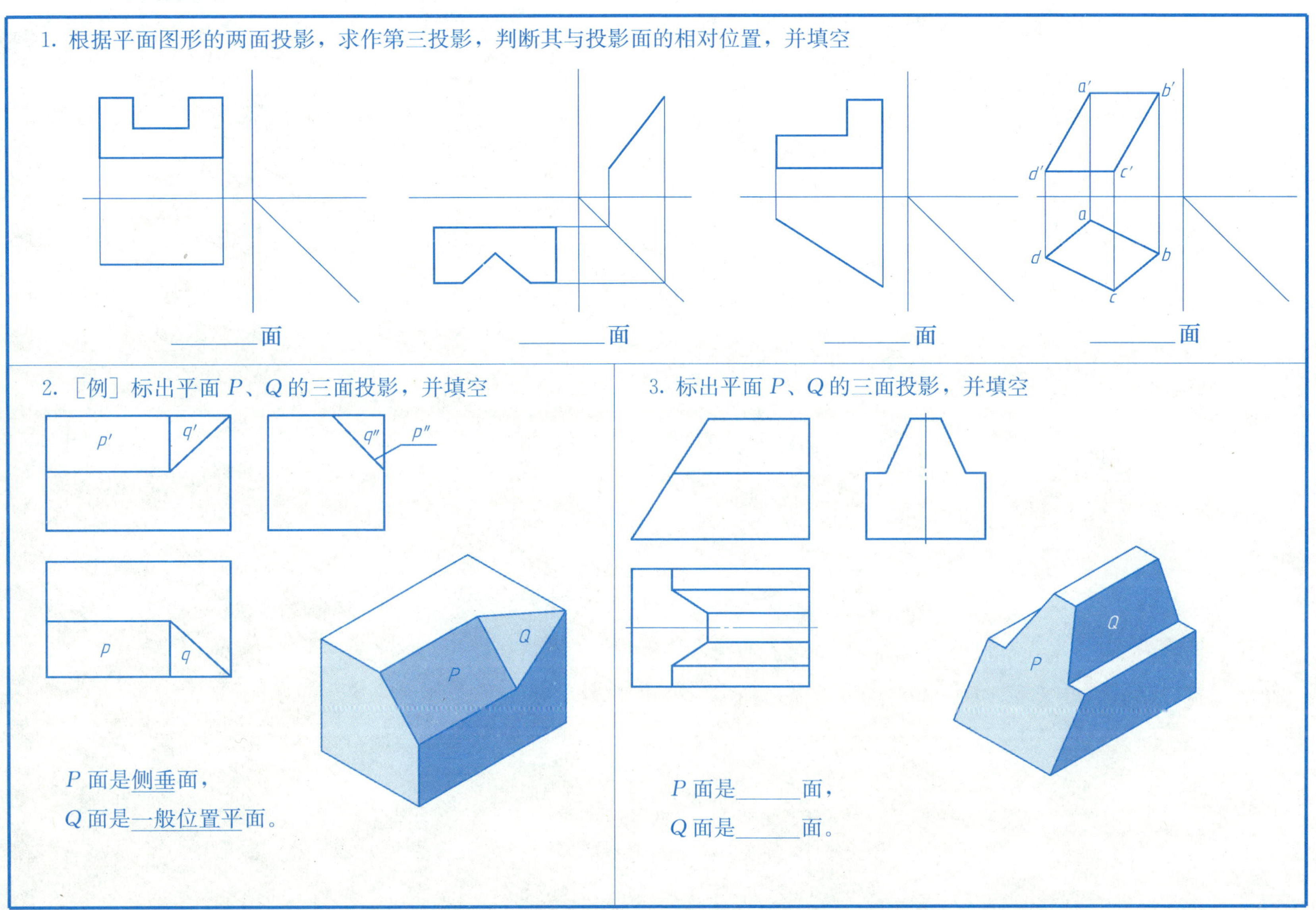

1. 根据平面图形的两面投影，求作第三投影，判断其与投影面的相对位置，并填空

______面　　______面　　______面　　______面

2. ［例］标出平面 *P*、*Q* 的三面投影，并填空

P 面是<u>侧垂</u>面，

Q 面是<u>一般位置平</u>面。

3. 标出平面 *P*、*Q* 的三面投影，并填空

P 面是______面，

Q 面是______面。

2—10 平面的投影（二）

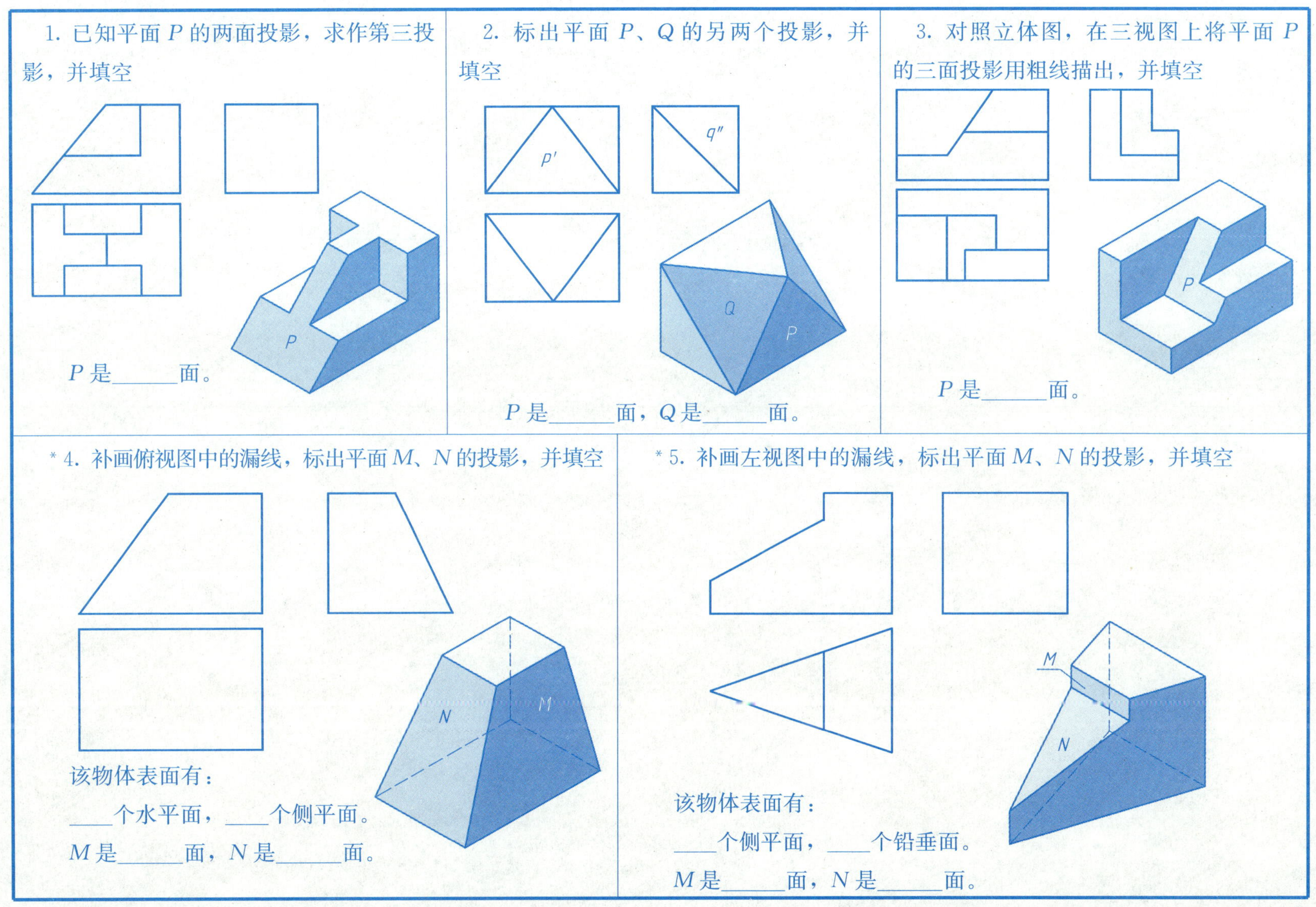

1. 已知平面 P 的两面投影，求作第三投影，并填空

P 是______面。

2. 标出平面 P、Q 的另两个投影，并填空

P 是______面，Q 是______面。

3. 对照立体图，在三视图上将平面 P 的三面投影用粗线描出，并填空

P 是______面。

*4. 补画俯视图中的漏线，标出平面 M、N 的投影，并填空

该物体表面有：

____个水平面，____个侧平面。

M 是______面，N 是______面。

*5. 补画左视图中的漏线，标出平面 M、N 的投影，并填空

该物体表面有：

____个侧平面，____个铅垂面。

M 是______面，N 是______面。

2—11 根据基本体的两视图补画第三视图，并写出基本体的名称（1、2、3 题标注尺寸）

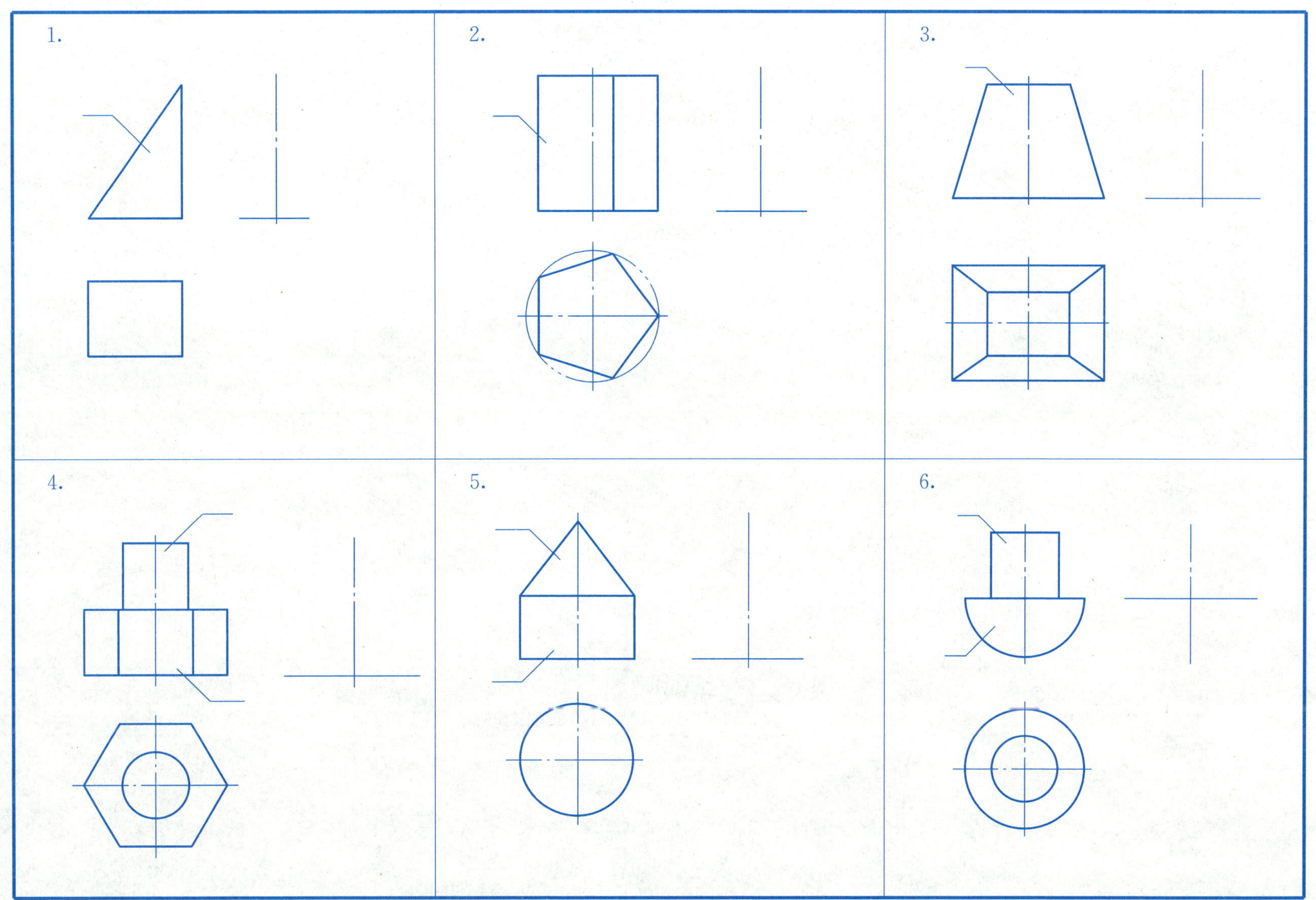

班级　　　　姓名　　　　学号

2—12　基本体的投影作图与尺寸标注

1. 按已知条件画出平面立体的三面投影图，并标注尺寸

(1) 正六棱柱：高 20 mm，端面外接圆半径为 10 mm。

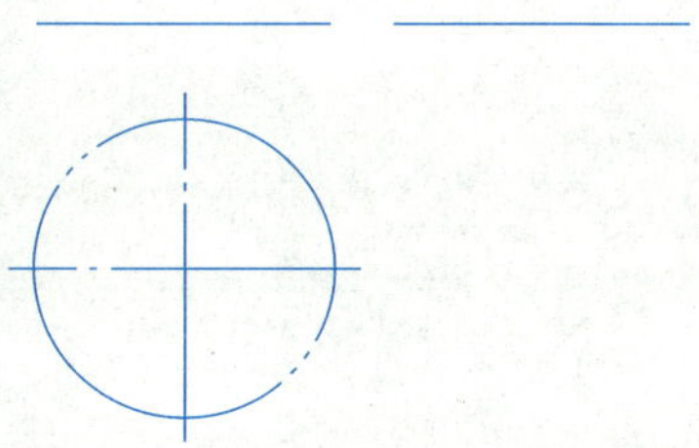

(2) 正三棱柱：宽 10 mm。

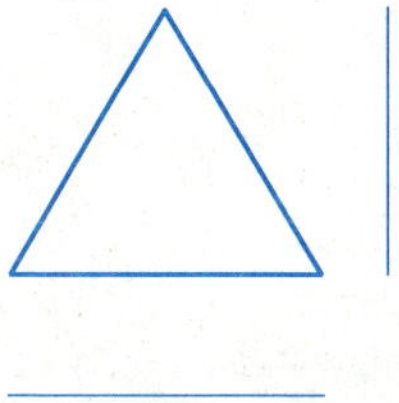

(3) 正三棱锥：长度为 20 mm。

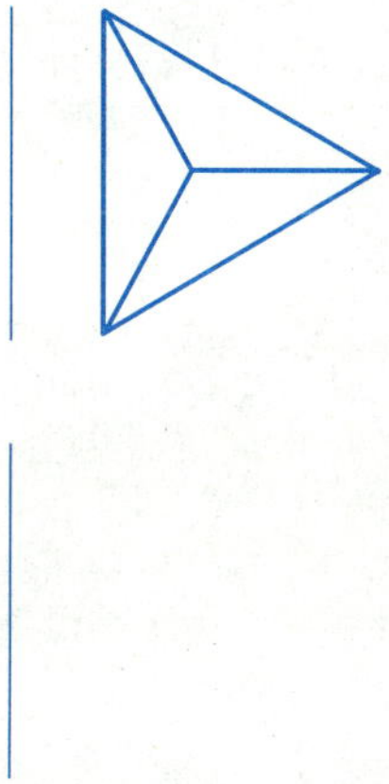

(4) 正四棱台：上、下底面分别为 10 mm×10 mm、20 mm×20 mm，高 20 mm。

2. 按已知条件画出曲面回转体的三面投影图，并标注尺寸

(1) 正圆柱：半径为 10 mm，轴向长度为 15 mm。

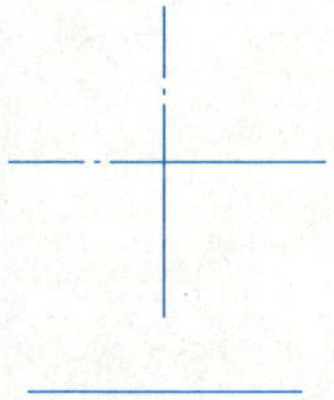

(2) 正圆锥：半径为 10 mm，轴向长度为 15 mm。

(3) 正圆台：上、下底圆半径分别为 5 mm、10 mm，高为 15 mm。

(4) 半球：半径为 10 mm。

班级　　　　姓名　　　　学号

2—13 根据立体图画三视图（尺寸从立体图中量取，取整数）

1.

2.

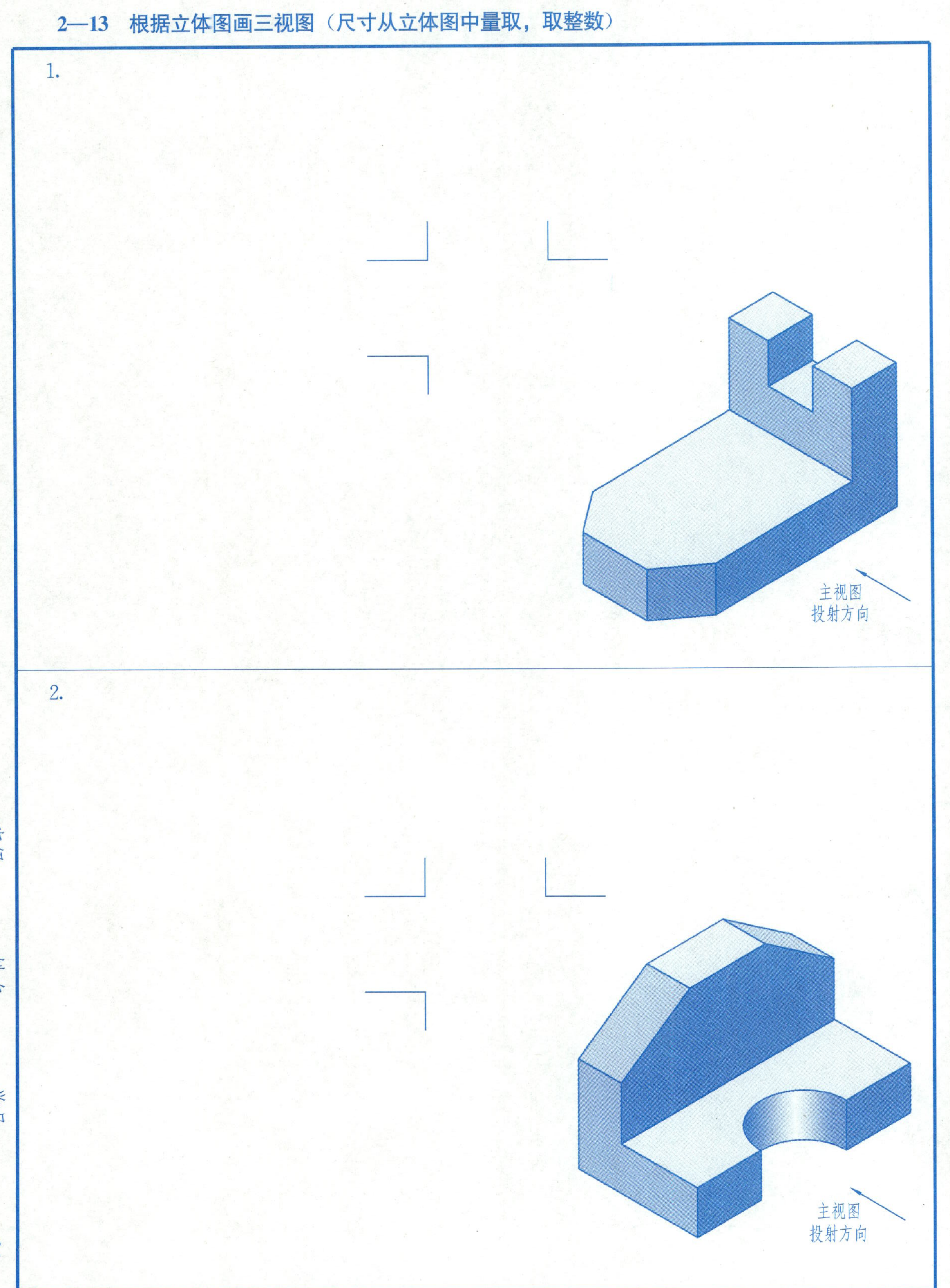

班级　　姓名　　学号

2—14 平面切割体（一）完成平面体被切割后的三面投影

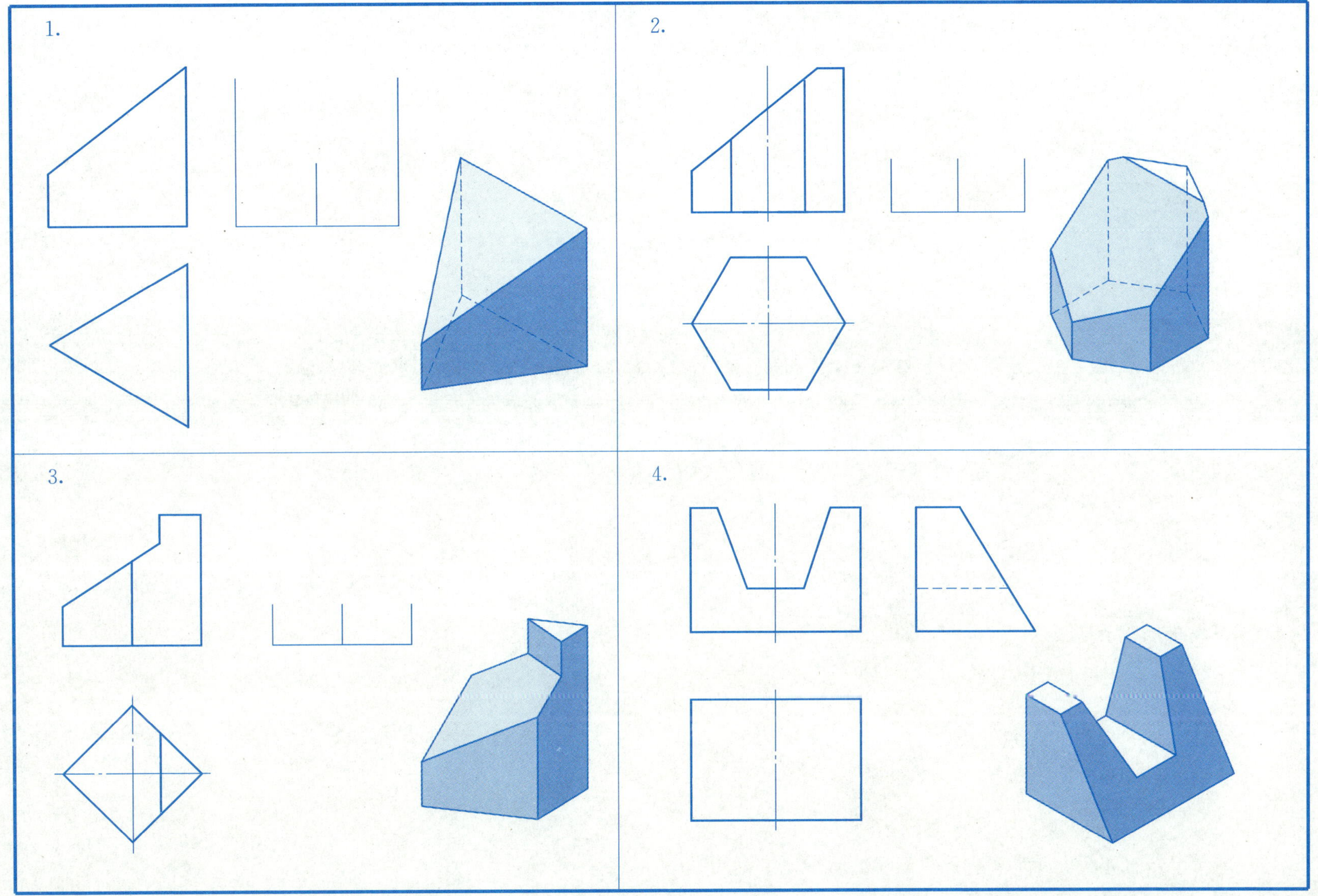

2—15 平面切割体（二）完成平面体被切割后的三面投影

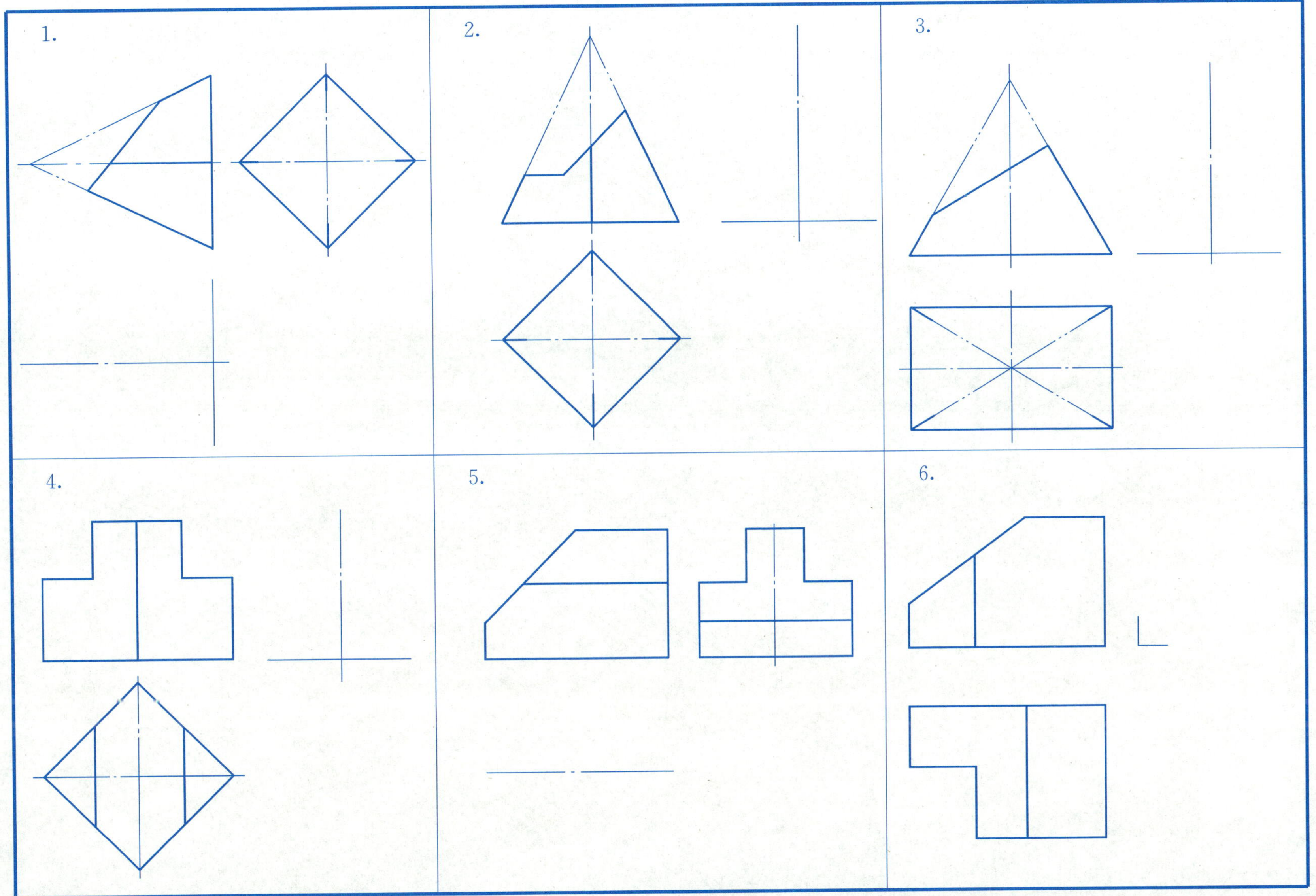

2—16 曲面切割体（一）完成曲面体被切割后的左视图，并进行比较，找出异同点和规律

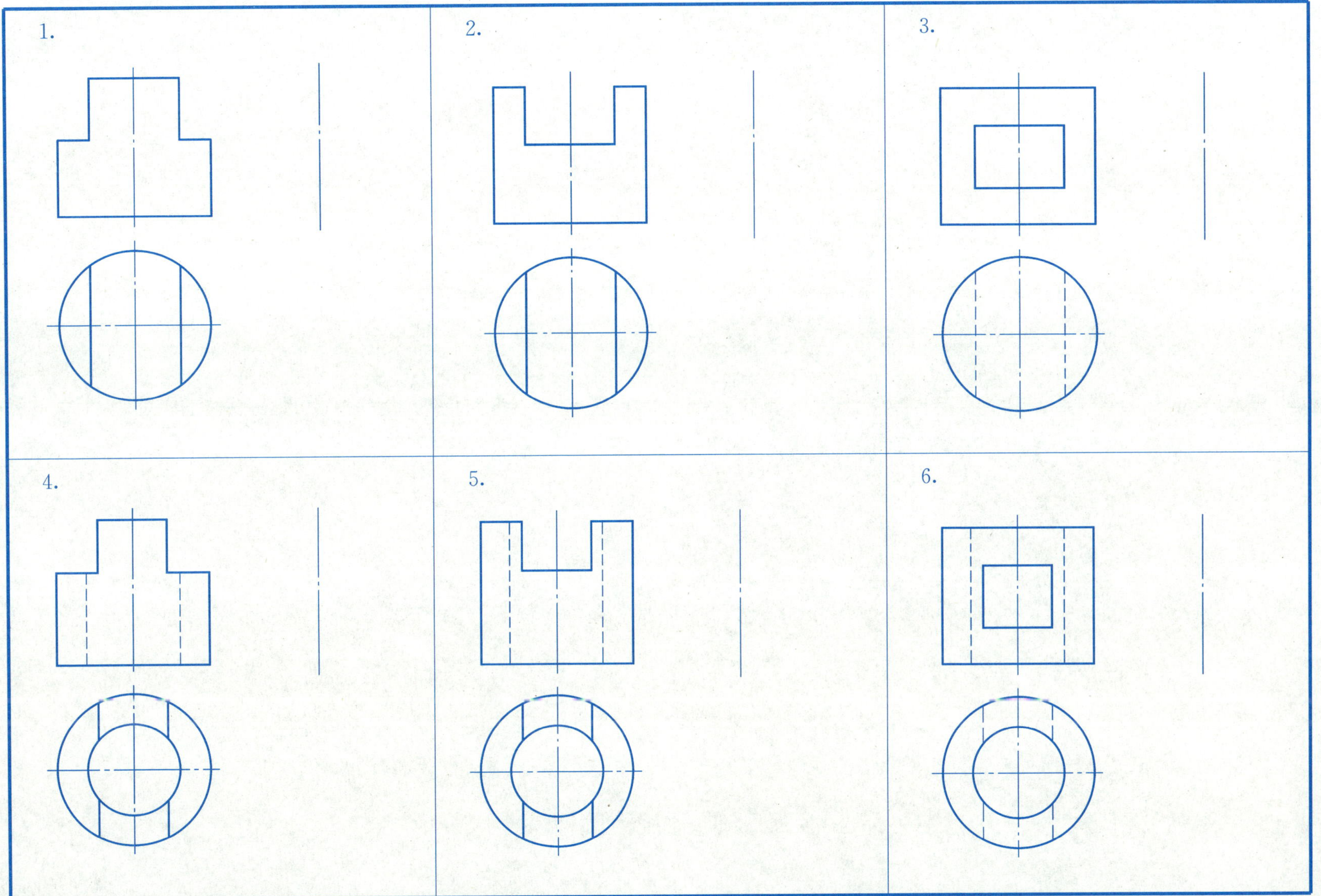

2—17 曲面切割体（二）完成曲面体被切割后的视图或补画视图中的缺线

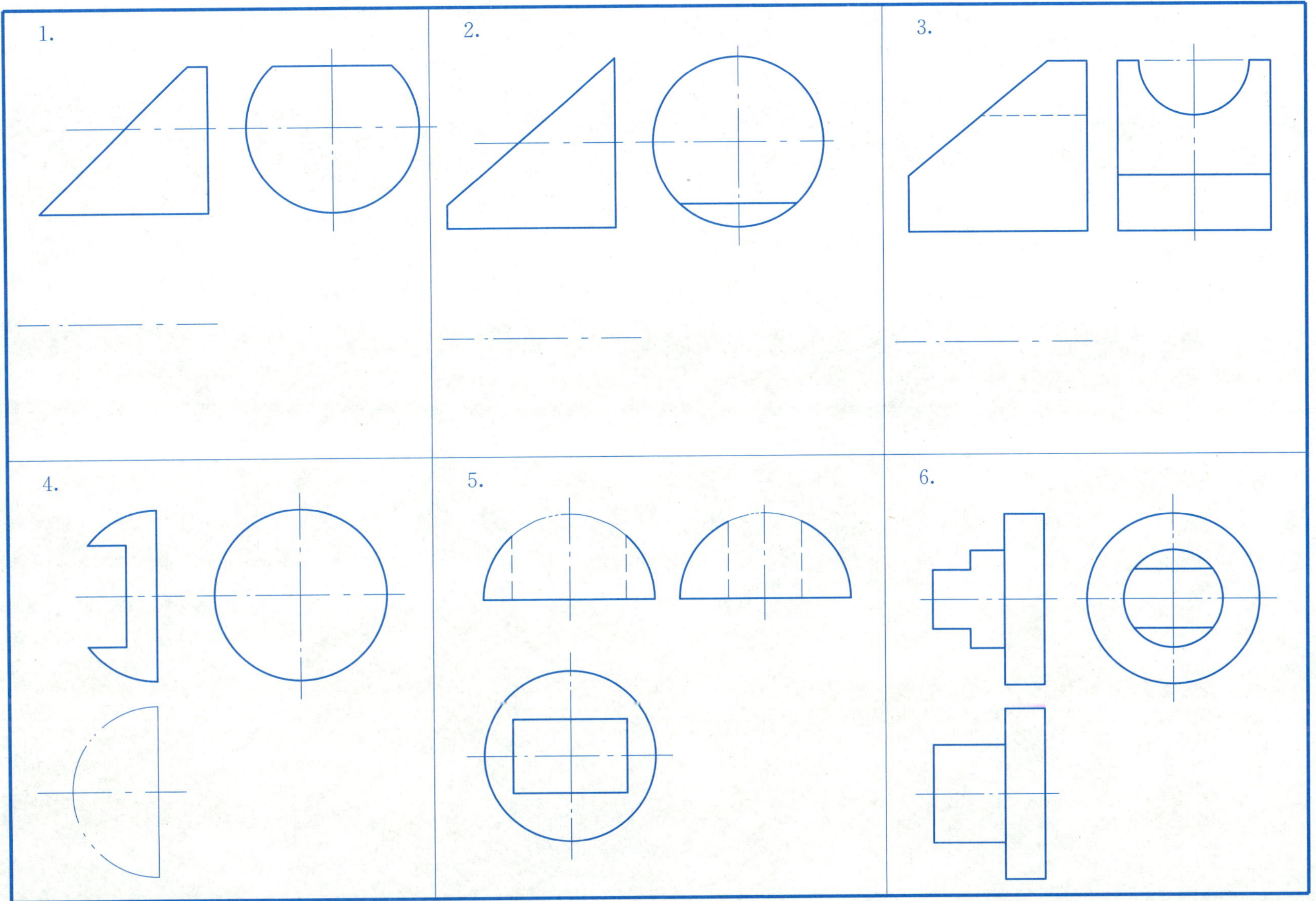

2—18　由给定视图画正等轴测图（一）任选三题：单号或双号

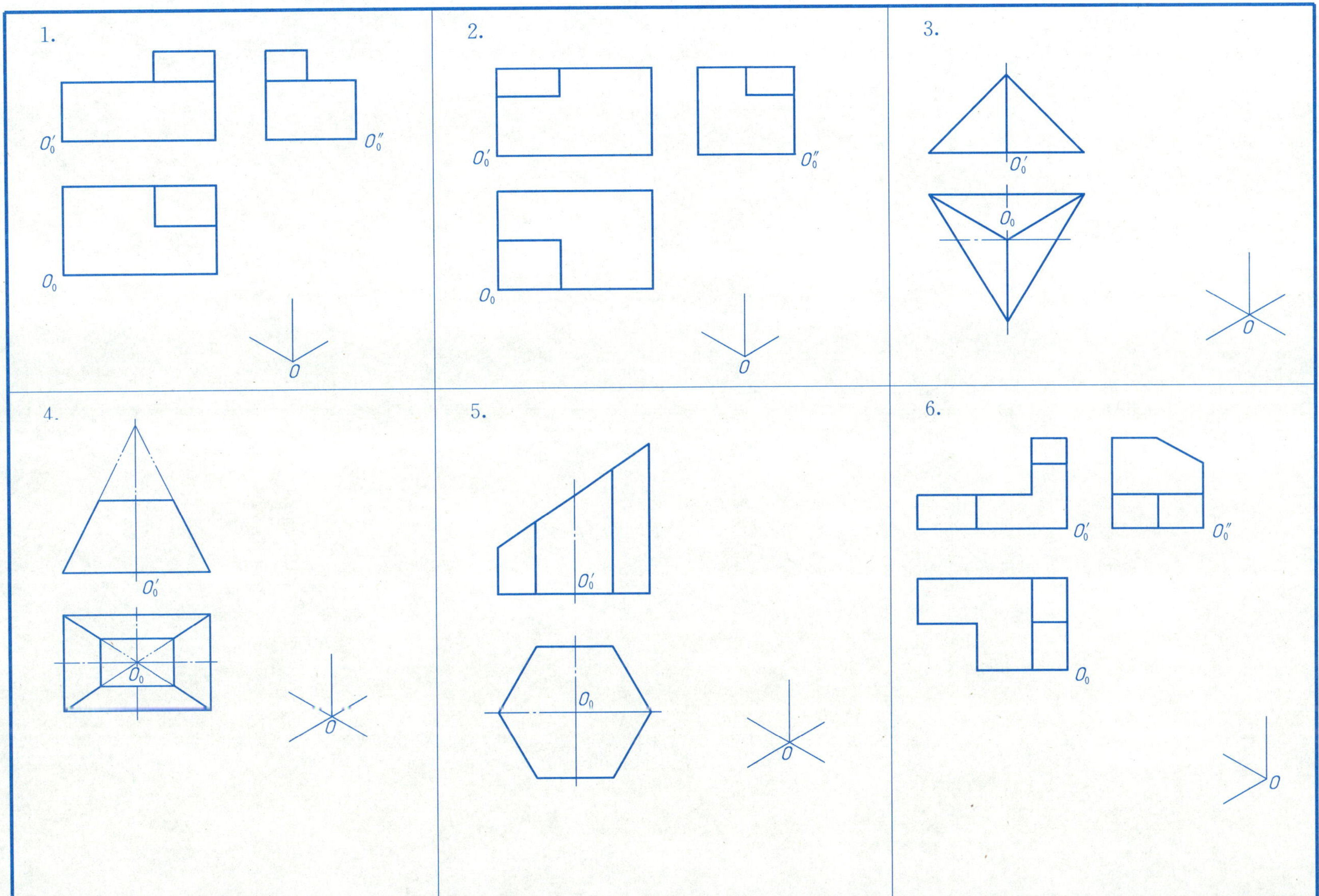

2—19　由给定视图画正等轴测图（二）任选三题：单号或双号

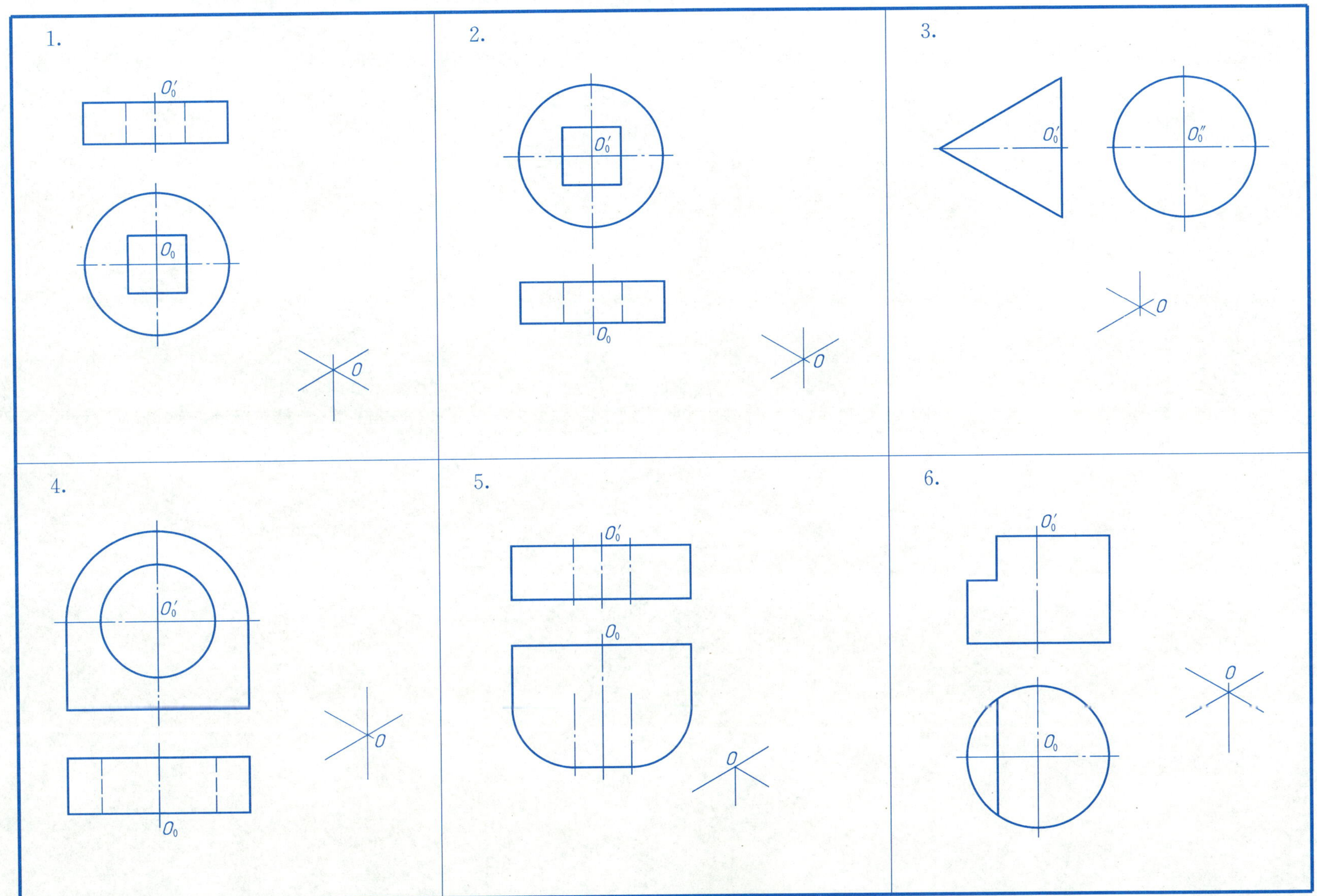

2—20 徒手作图基本练习

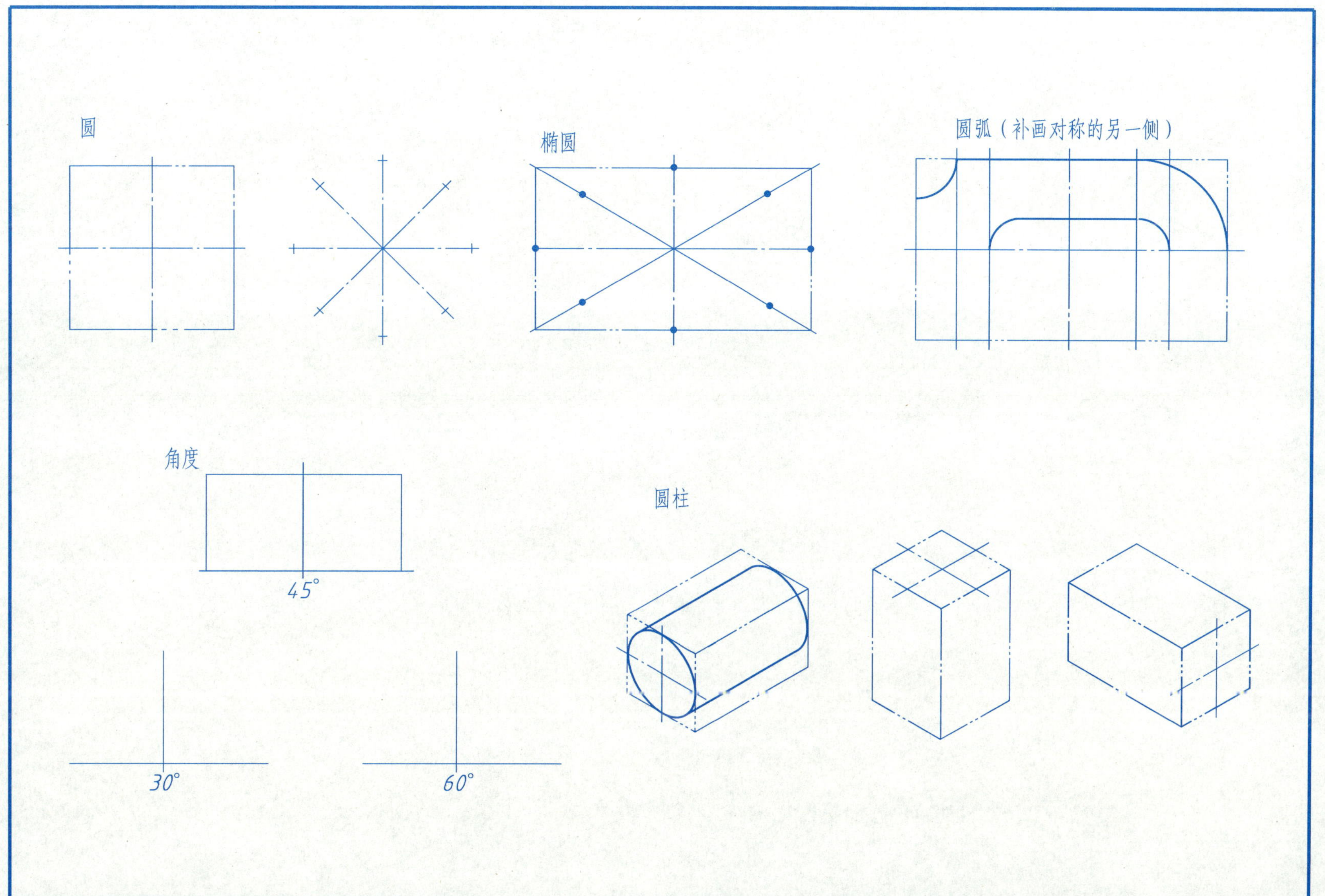

2—21　根据两视图徒手补画左视图或俯视图，并在斜格内画正等轴测图

班级　　　　姓名　　　　学号

2—22 补画视图中的漏线（在给出的轴测图轮廓内徒手完成轴测草图）

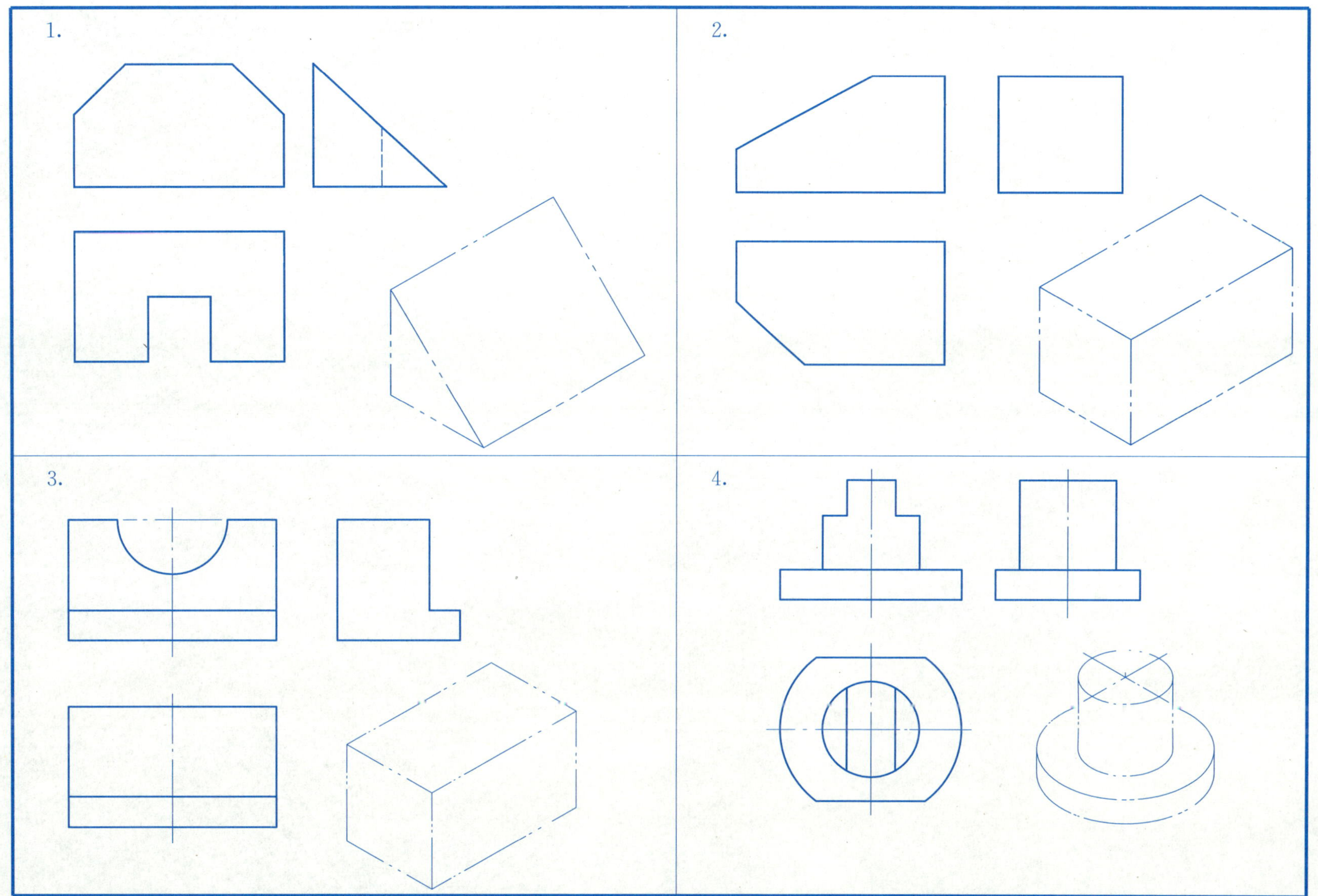

班级　　　　姓名　　　　学号

1. 填空题（每空 2 分，共 34 分）

（1）正投影法是投射线与投影面____的____投影法。

（2）三视图的投影规律：主、俯视图______，主、左视图______，俯、左视图______。

（3）主视图是由____向____投射所得到的投影，可反映物体____和____两个方向的尺寸；左视图可反映物体____和____两个方向的尺寸；俯视图可反映物体____和____两个方向的尺寸。

（4）截交线是截平面与立体______的______线。

（5）正等轴测图的轴间角均为____，且轴向收缩率____。

2. 根据给出的立体图补画所缺视图，并回答问题（10 分）

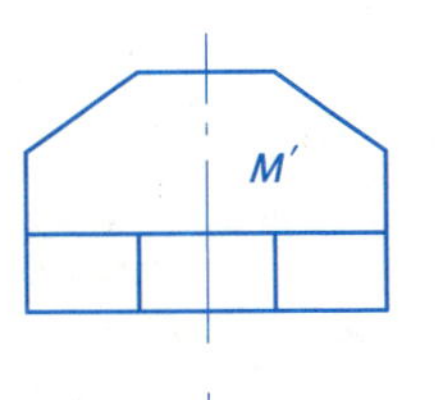

平面M是____面，______反映实形；
平面N是____面，______反映实形；
平面P是____面，______反映实形。

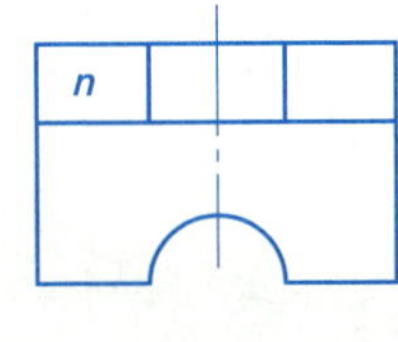

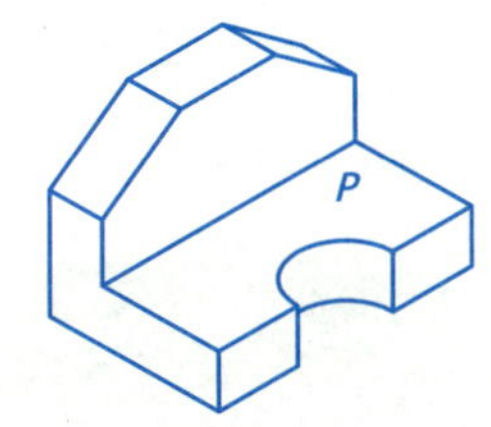

3. 按给定条件完成正六棱柱的三视图，并标注尺寸（从图中量取，取整数）（10 分）

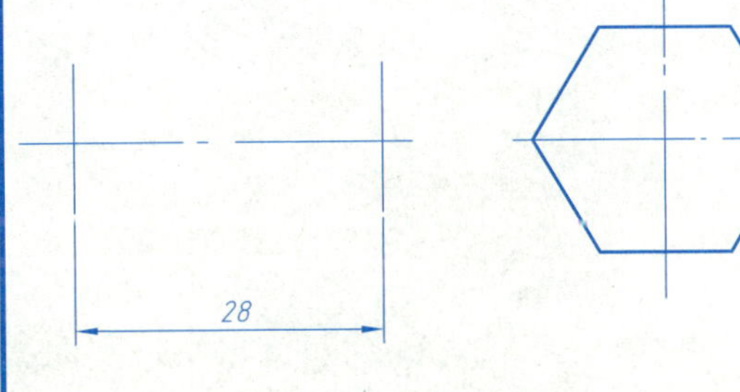

4. 根据给出的视图轮廓想象物体形状，补画所缺图线（6 分）

（1）（3 分）

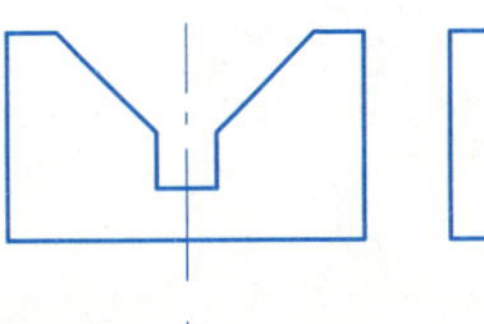

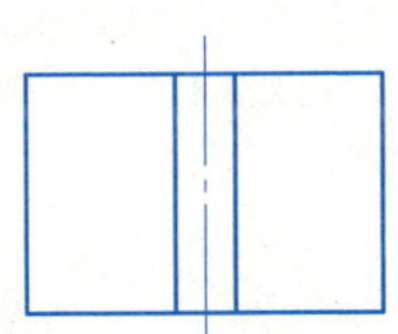

（2）（3 分）

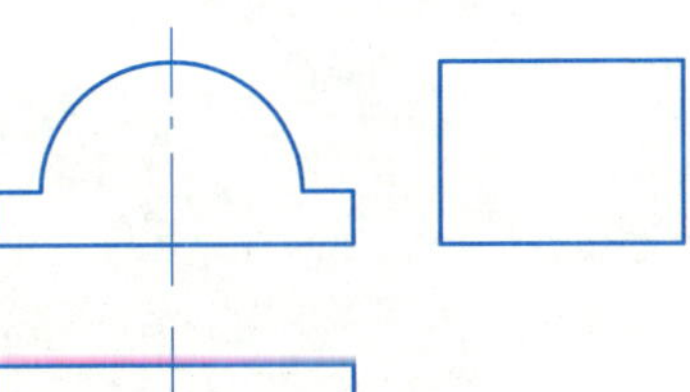

5. 完成切割物体的三视图（20 分）

（1）（10 分）

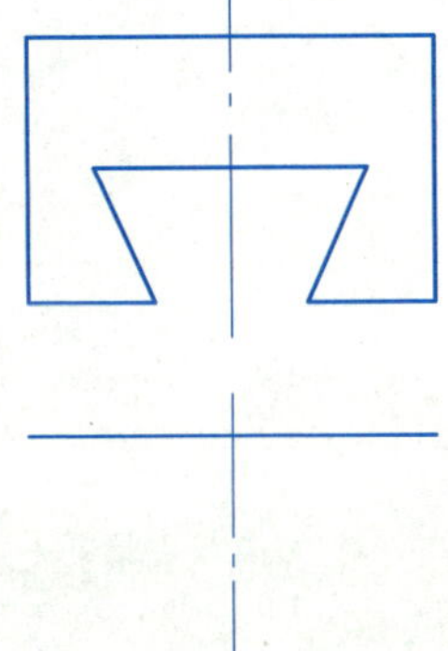

（2）（10 分）

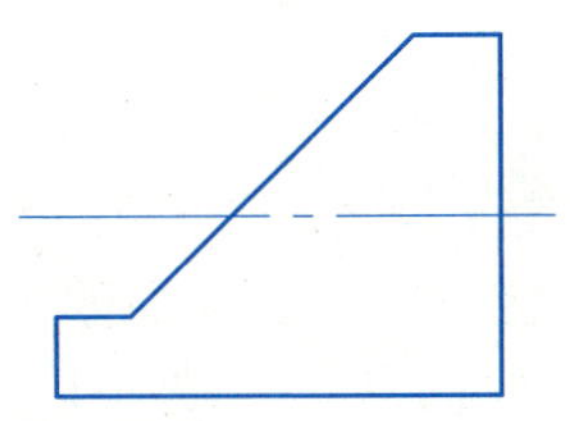

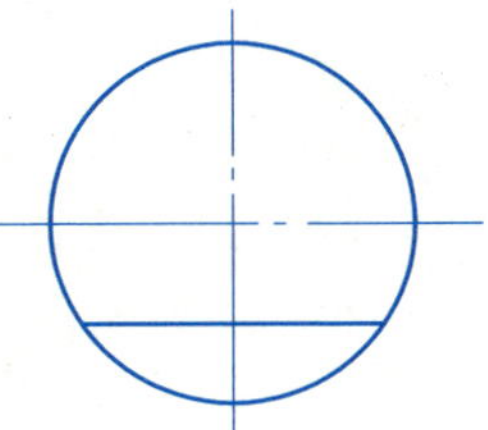

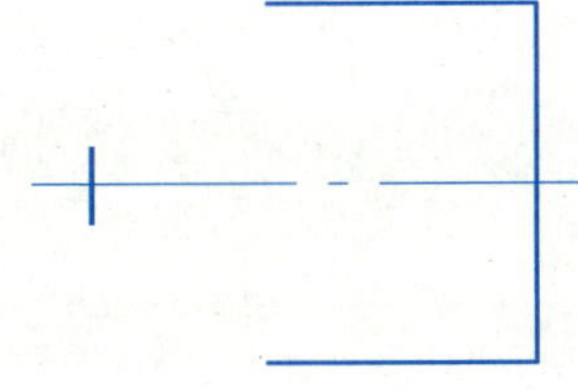

6. 根据已知视图，徒手绘制其正等轴测图（20 分）

（1）（10 分）

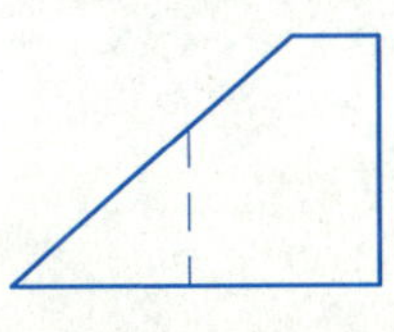

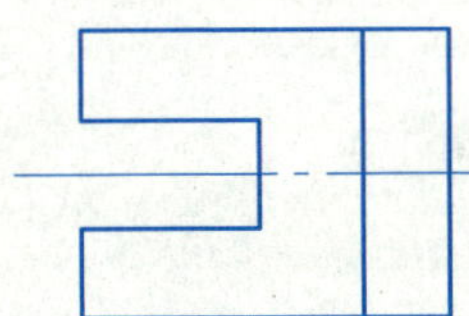

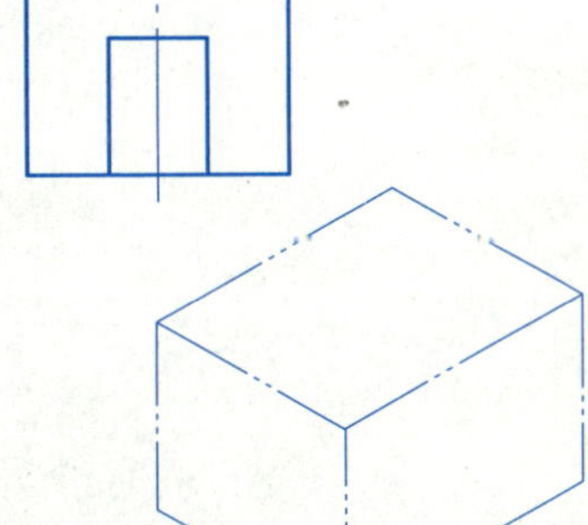

（2）（10 分）

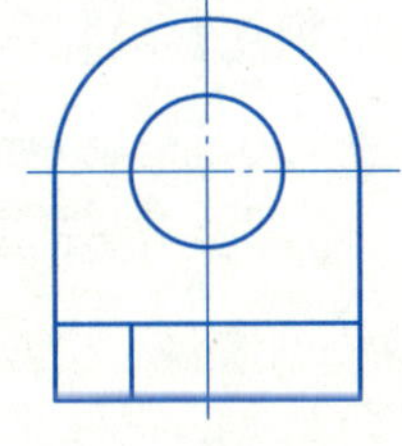

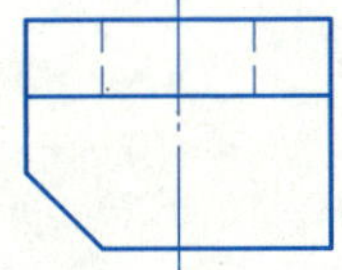

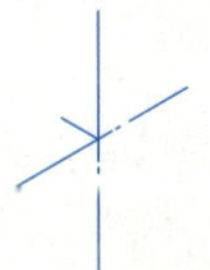

第3章 组合体

3—1 补画下列组合体表面交线

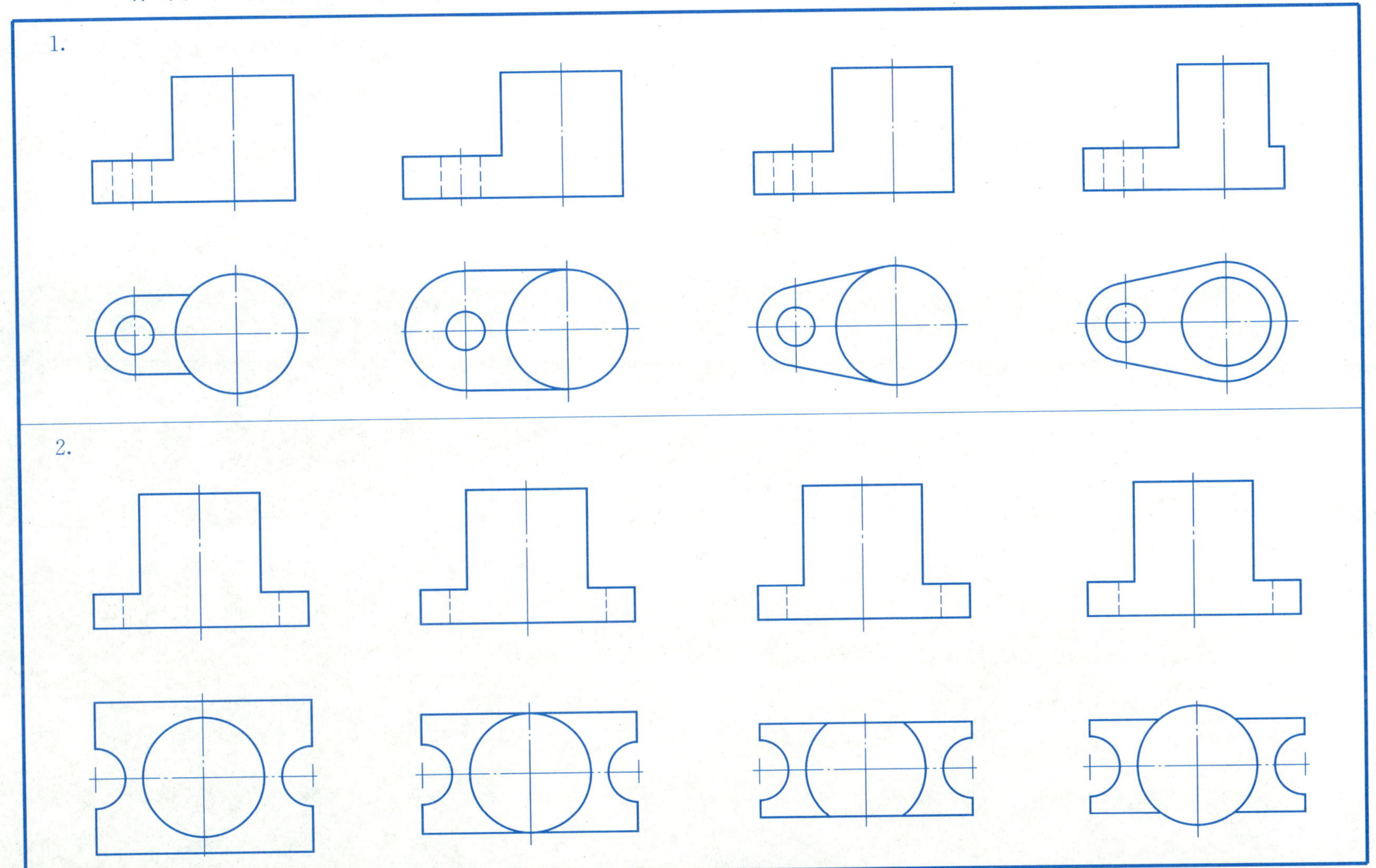

3—2 按形体分析的方法逐步画出轴测图所示组合体的三视图

1. 叠加型

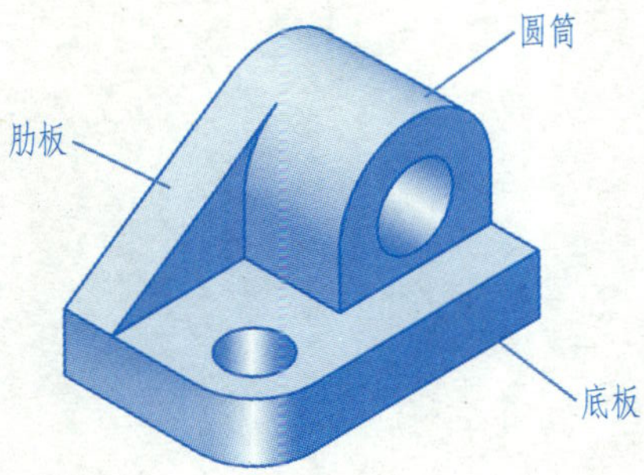

圆筒

肋板

底板

(1) 底板

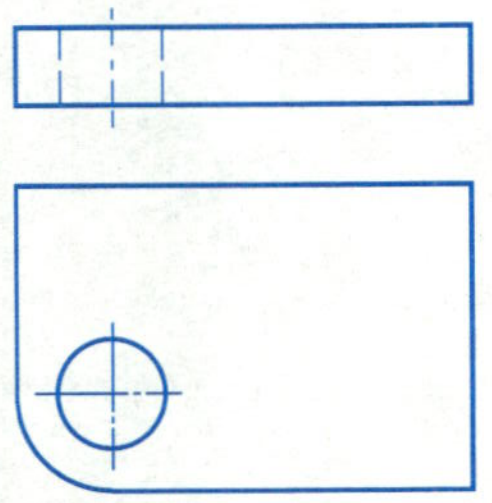

(2) 圆筒

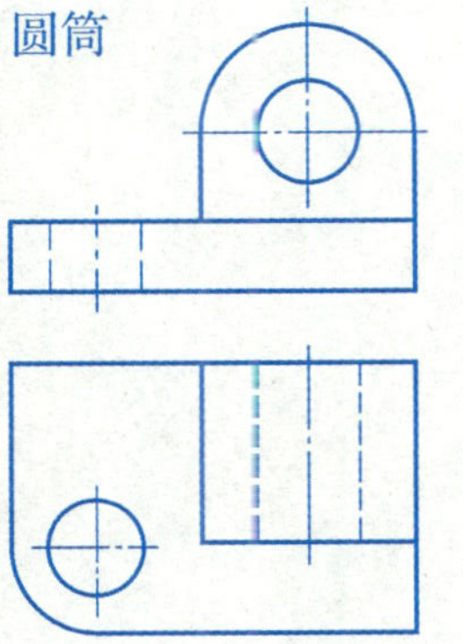

(3) 肋板

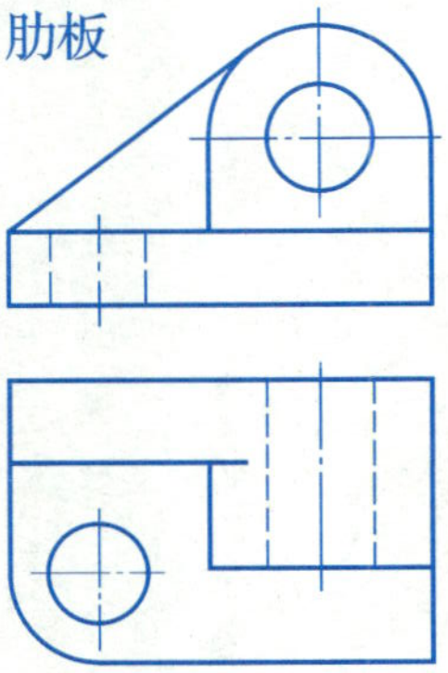

2. 切割型

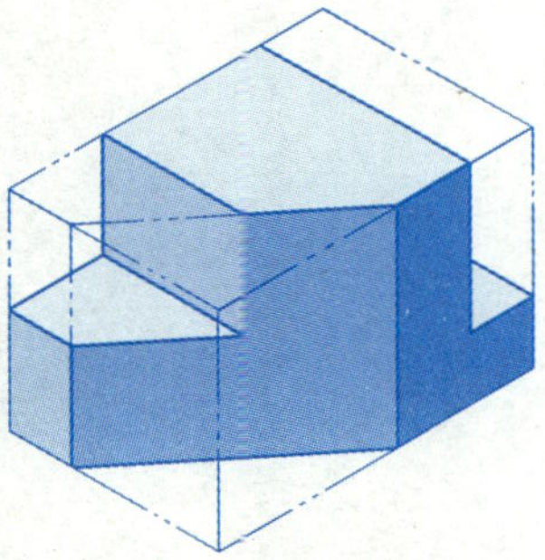

(1) 第一次切割

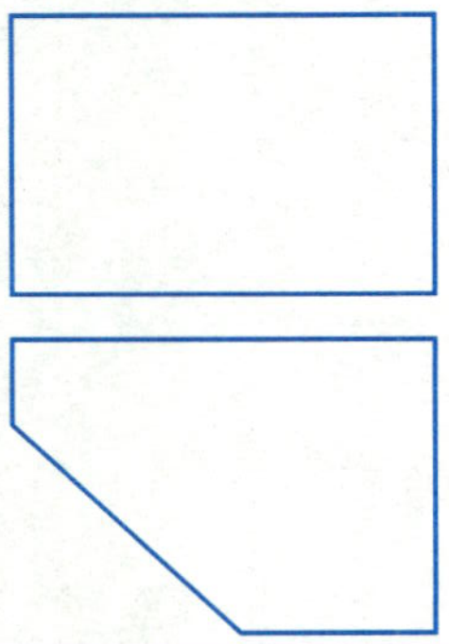

(2) 第二次切割

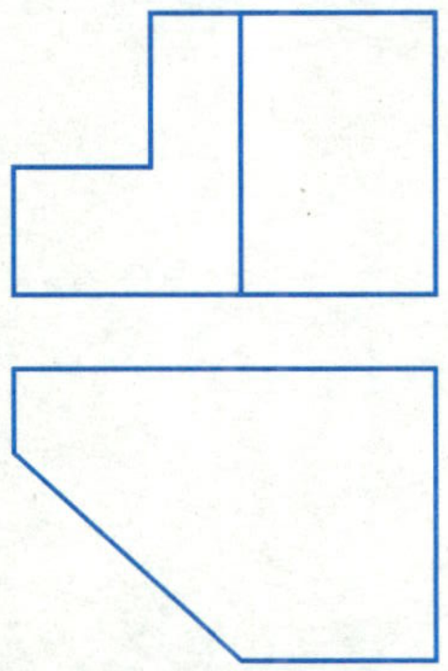

(3) 第三次切割

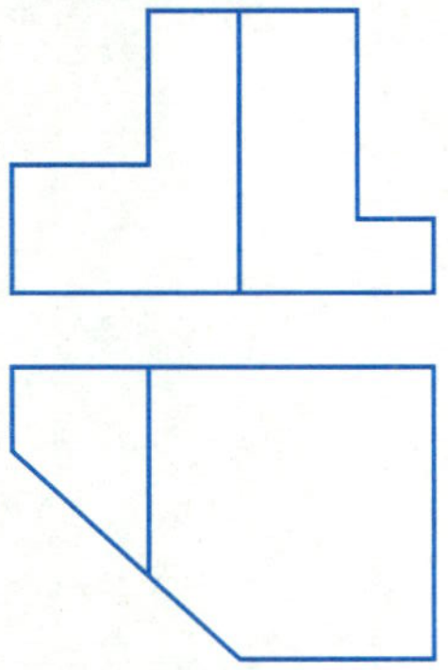

班级　　姓名　　学号

3—3　补画视图中漏画的相贯线（一）

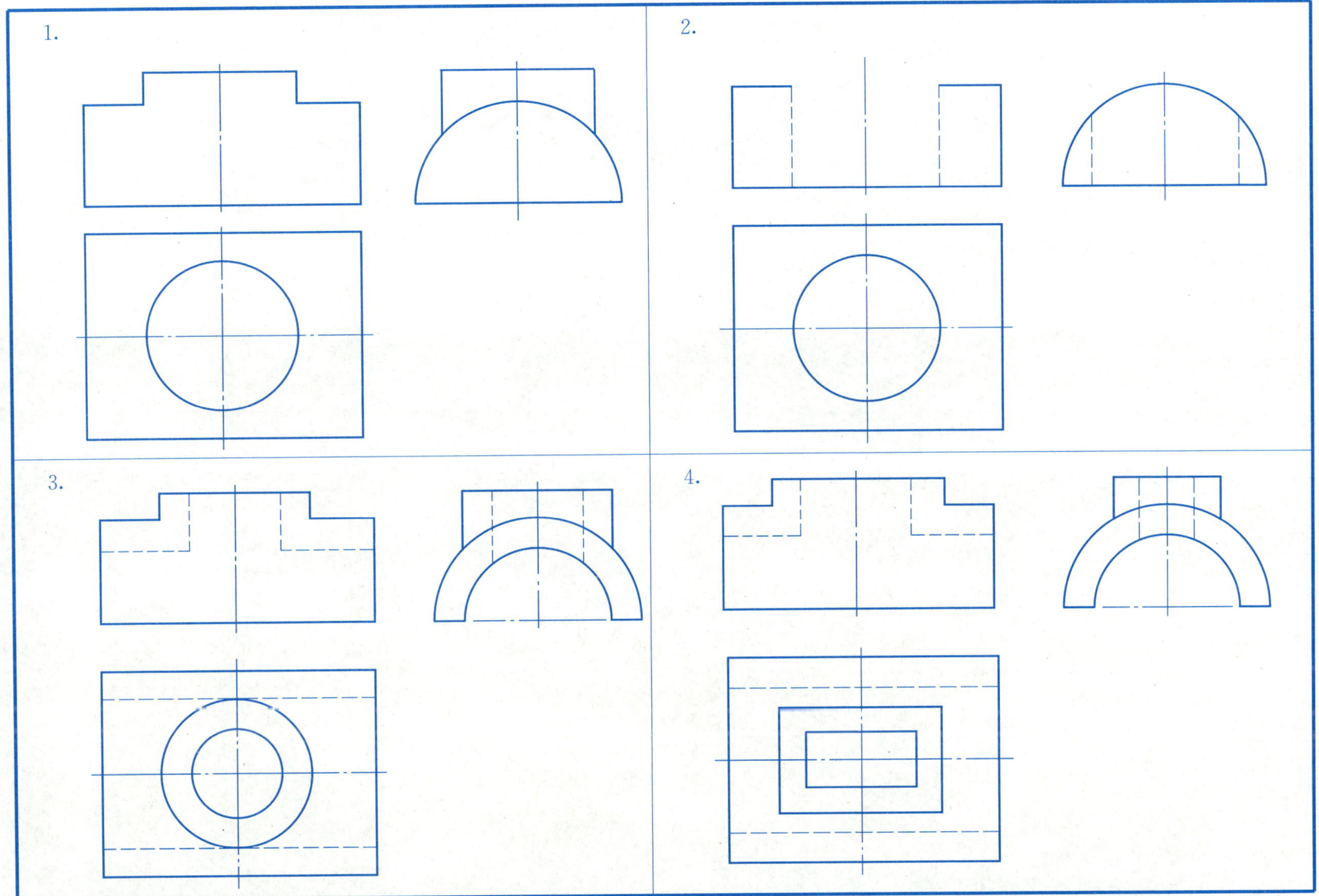

3—4 补画视图中漏画的相贯线（二）（可用简化画法）

1.

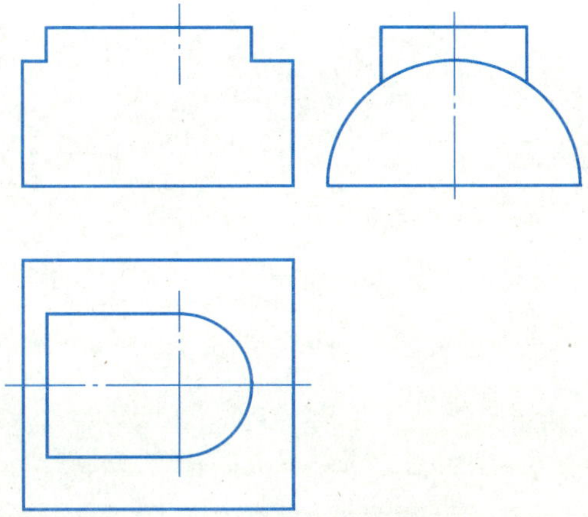

2.

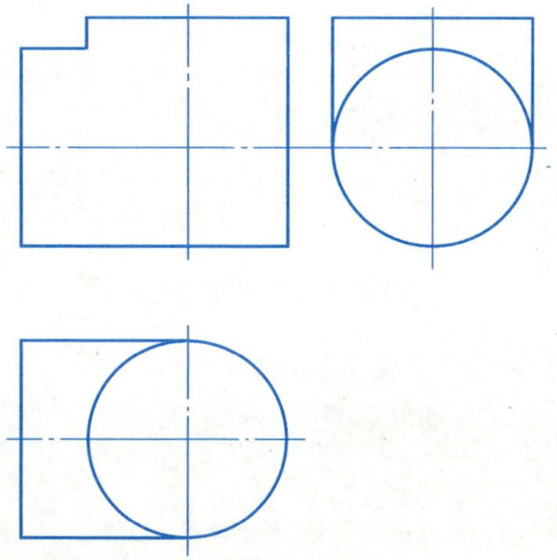

3.

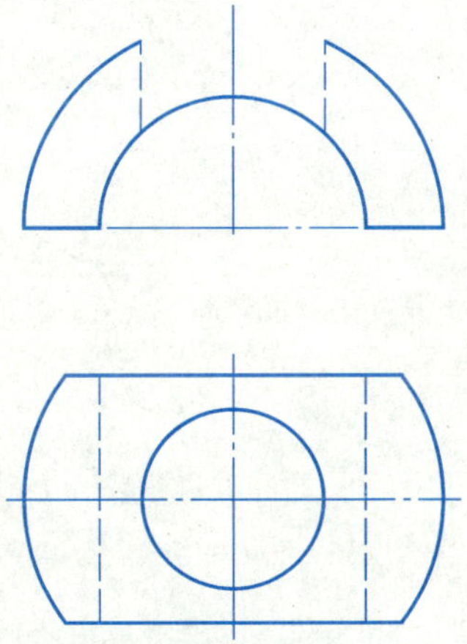

4.

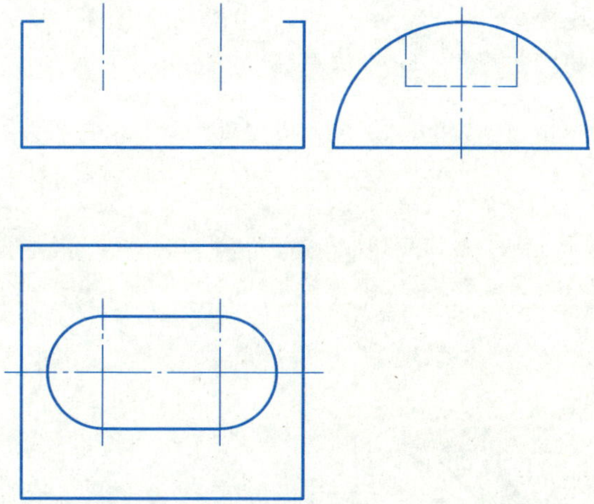

班级　　　　姓名　　　　学号

3—5 选择正确的左视图（在括号内画“√”）

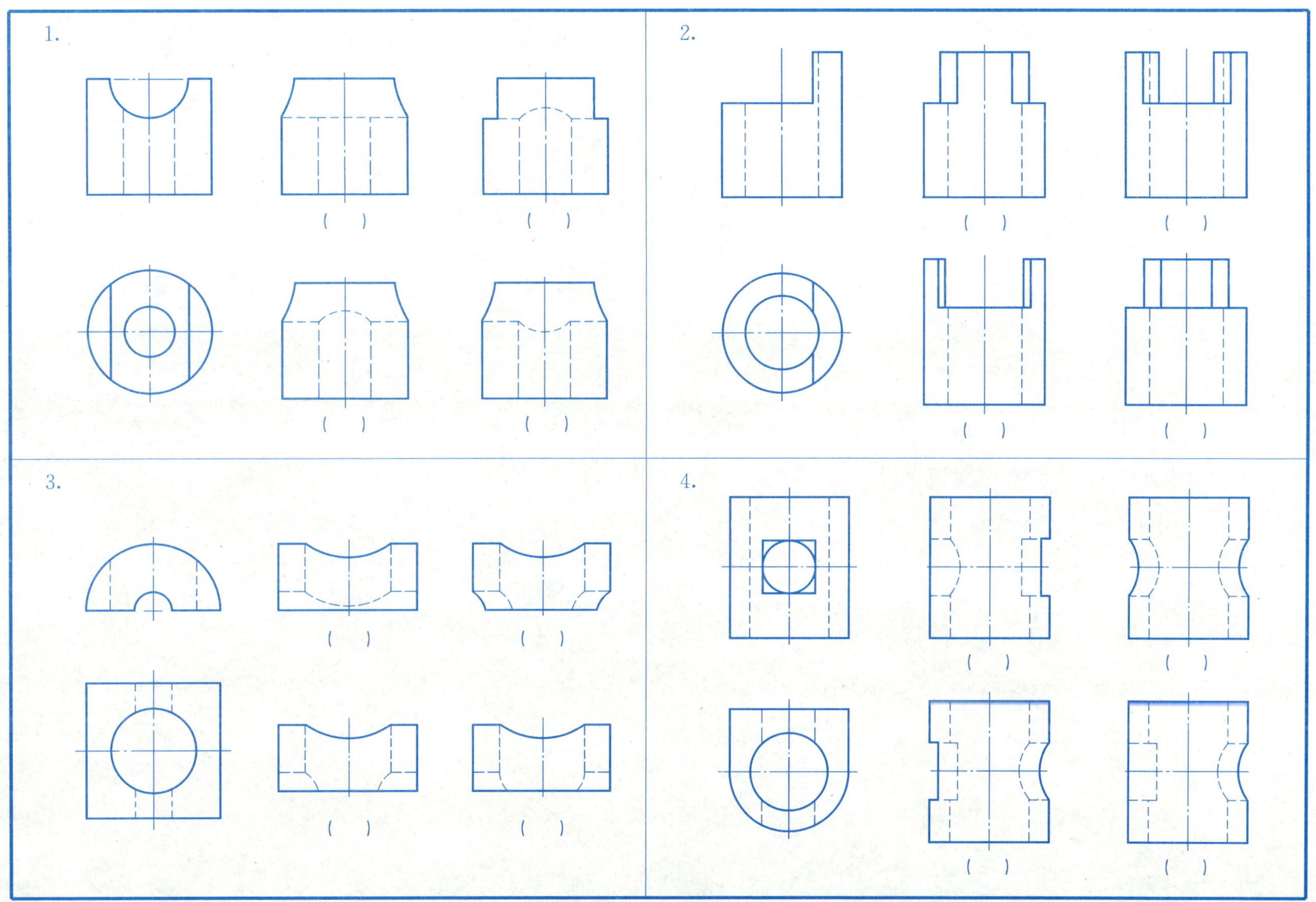

班级　　　　姓名　　　　学号

3—6 参照轴测图，补画三视图中的漏线（一）

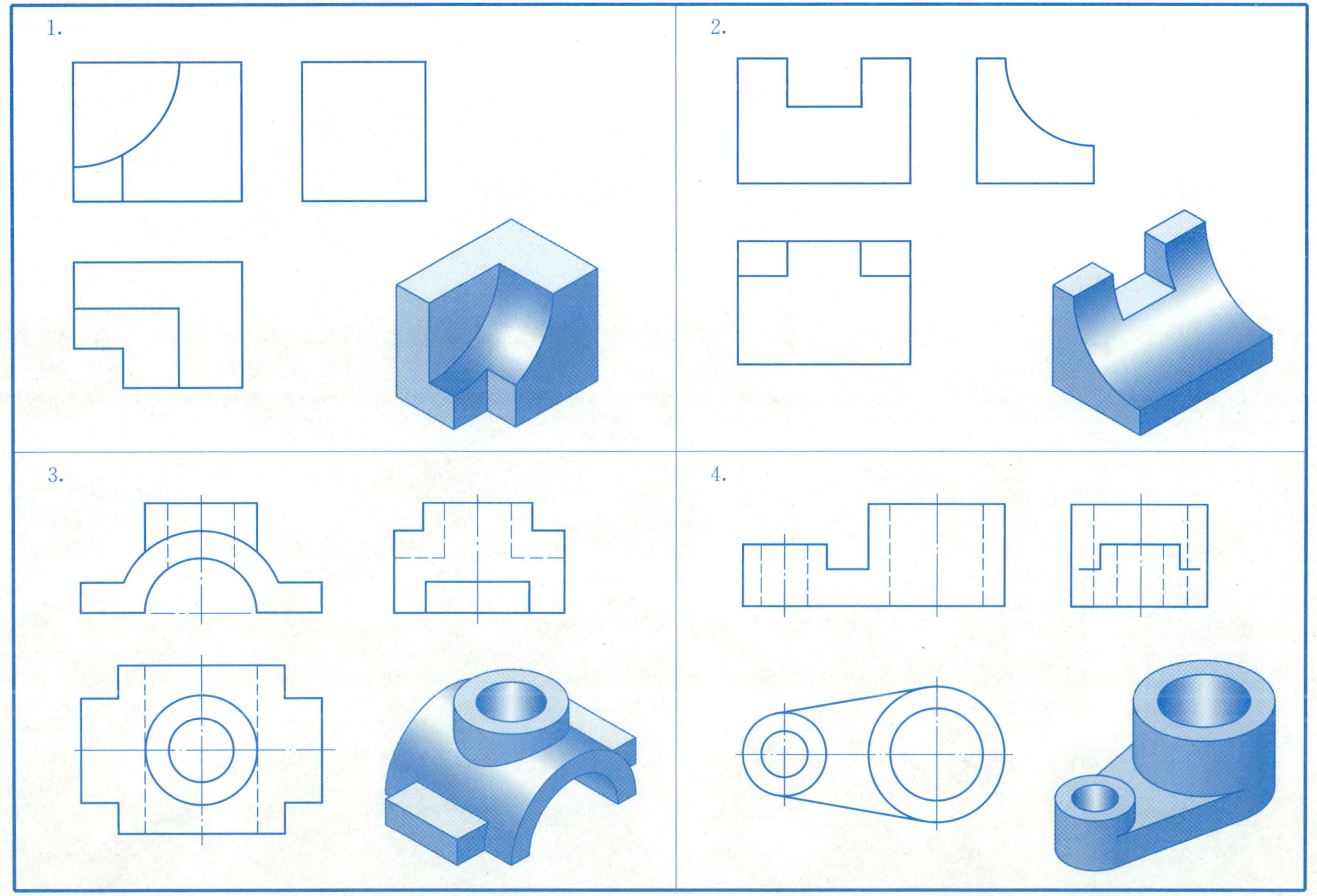

3—7　参照轴测图，补画三视图中的漏线（二）

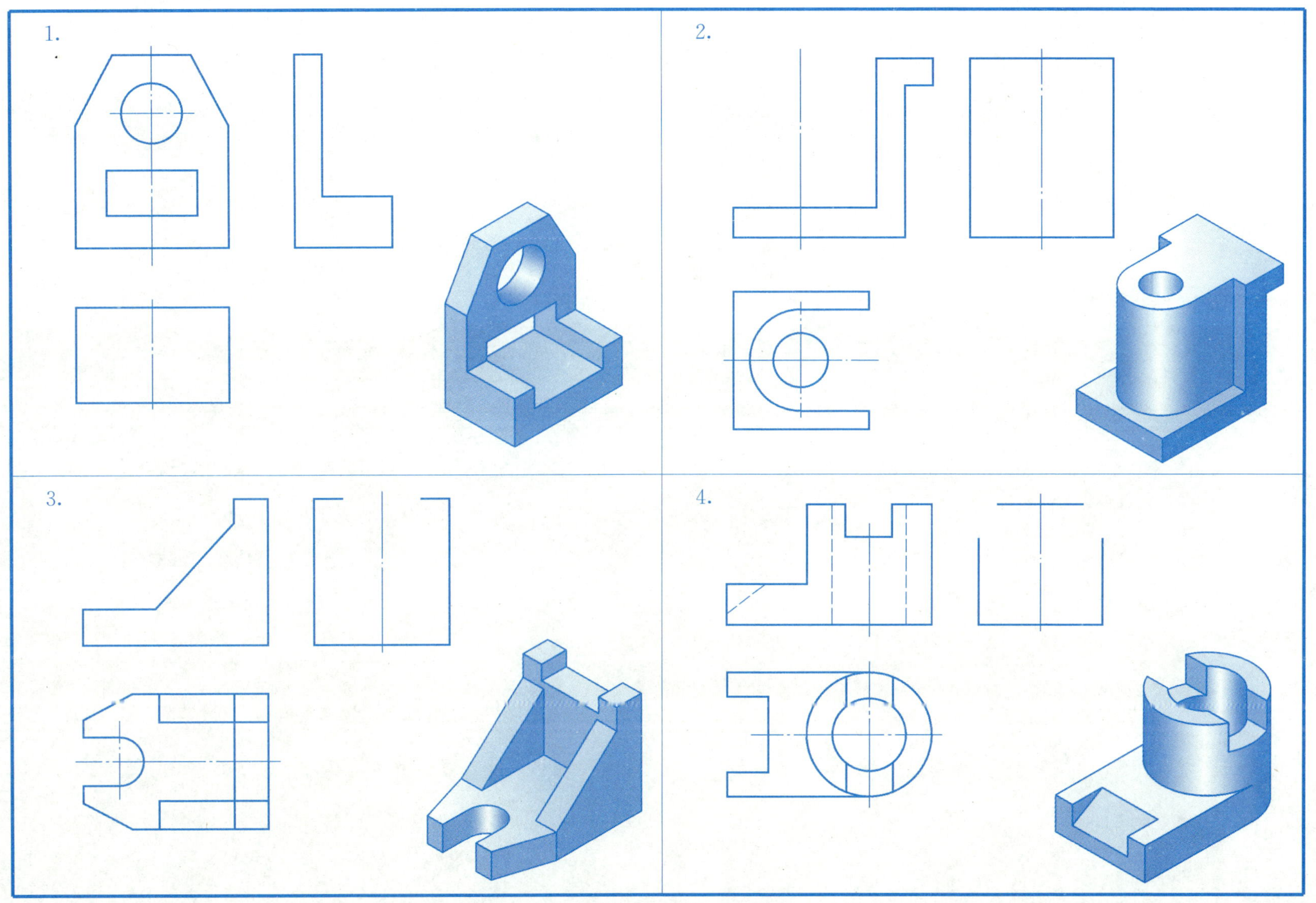

3—8 根据两视图（参照轴测图）补画另一视图（一）

1.

2.

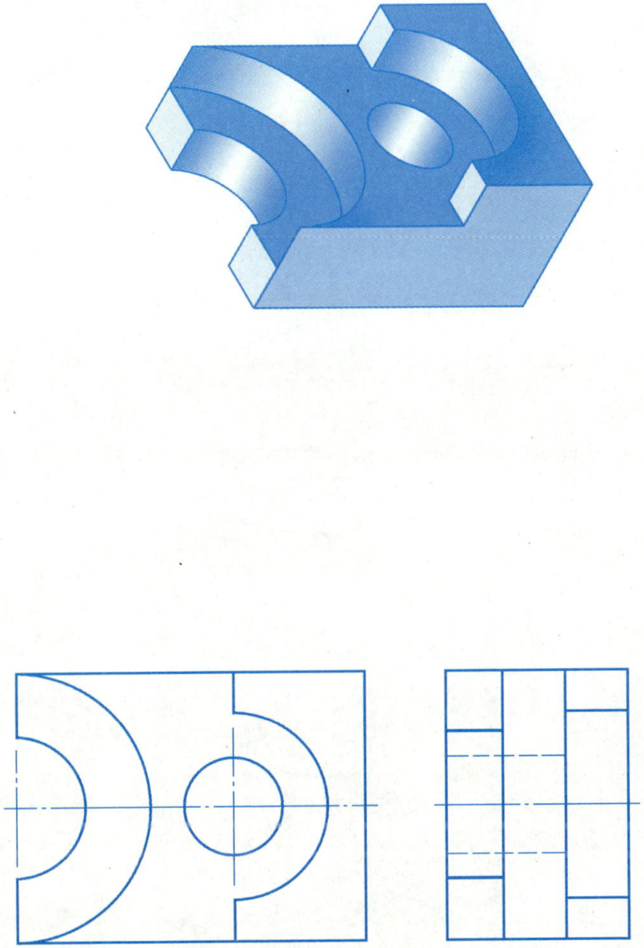

3—9 根据两视图（参照轴测图）补画另一视图（二）

1.

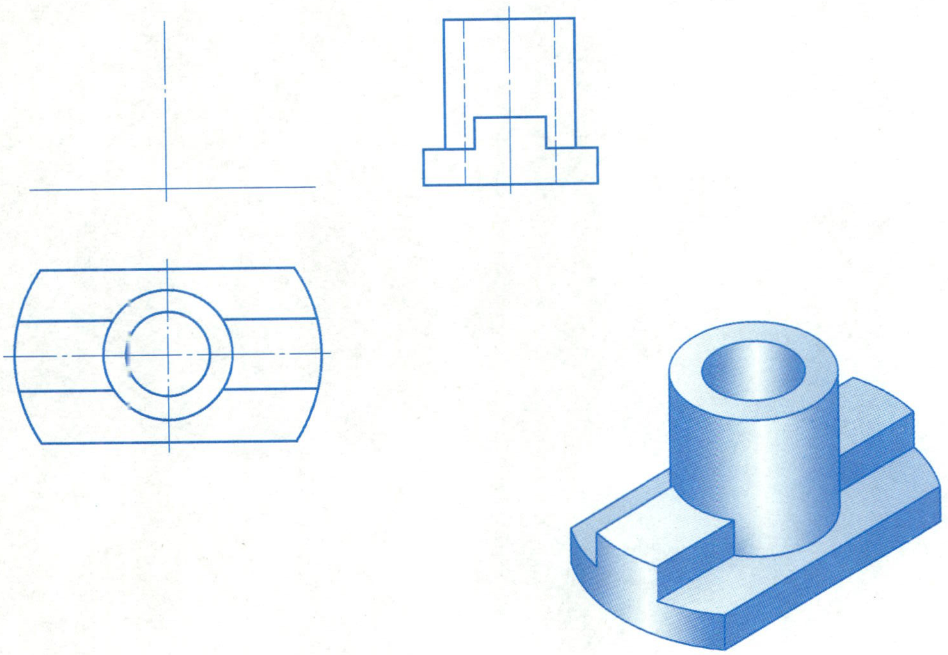

2.

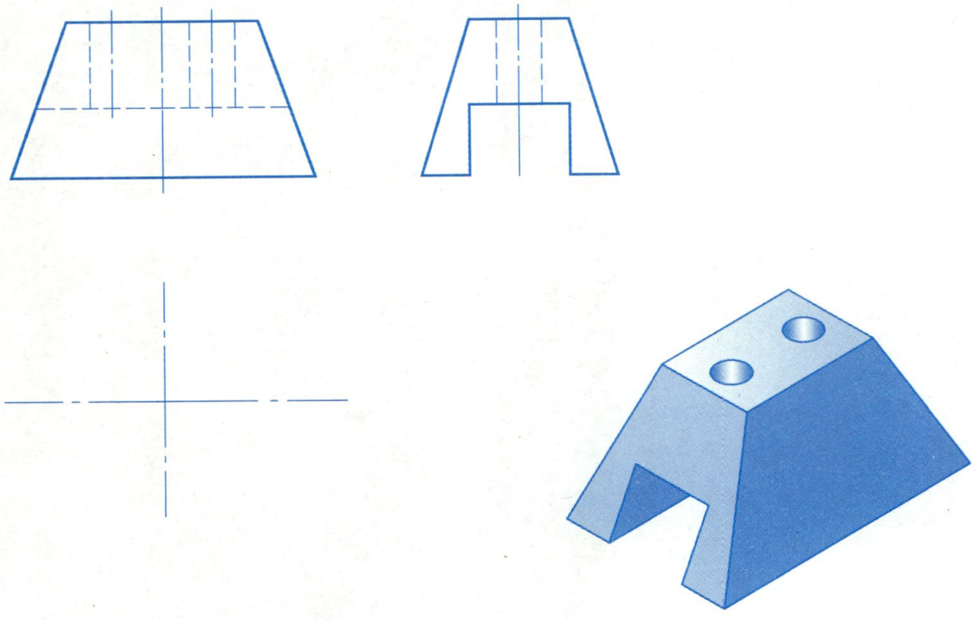

3—10 根据轴测图徒手画三视图（可选若干题）

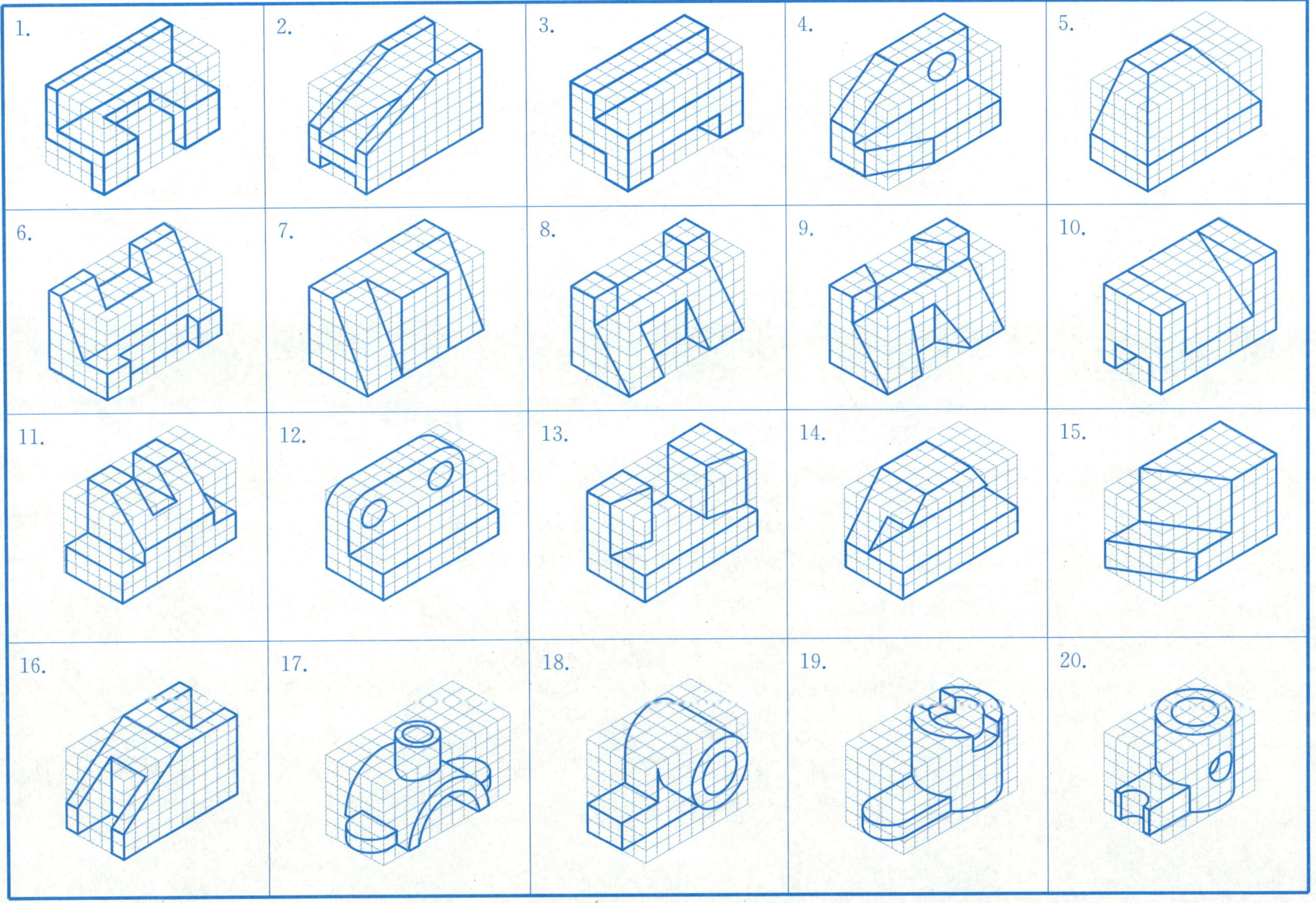

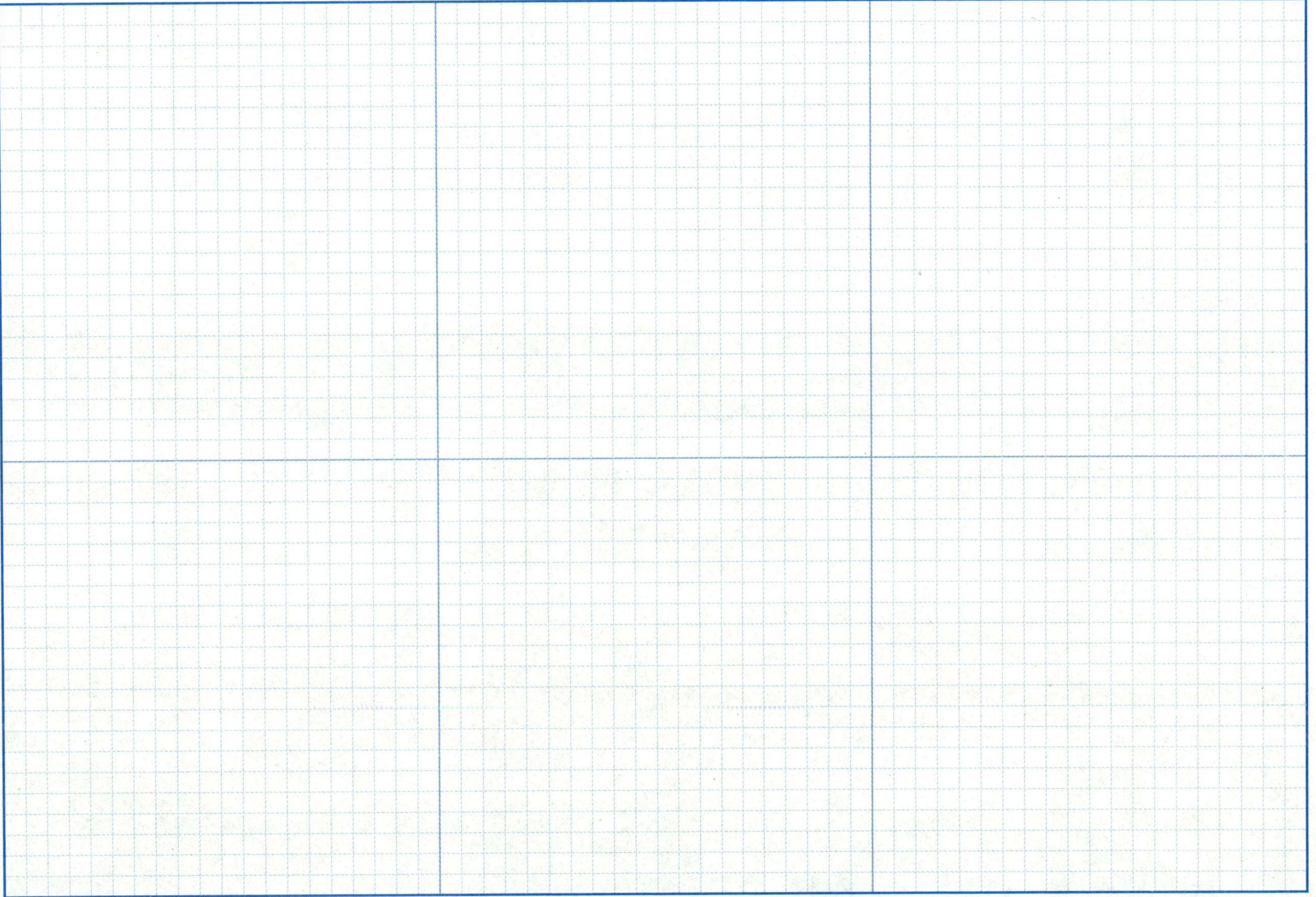

班级　　　　姓名　　　　学号

3—12 附页 2

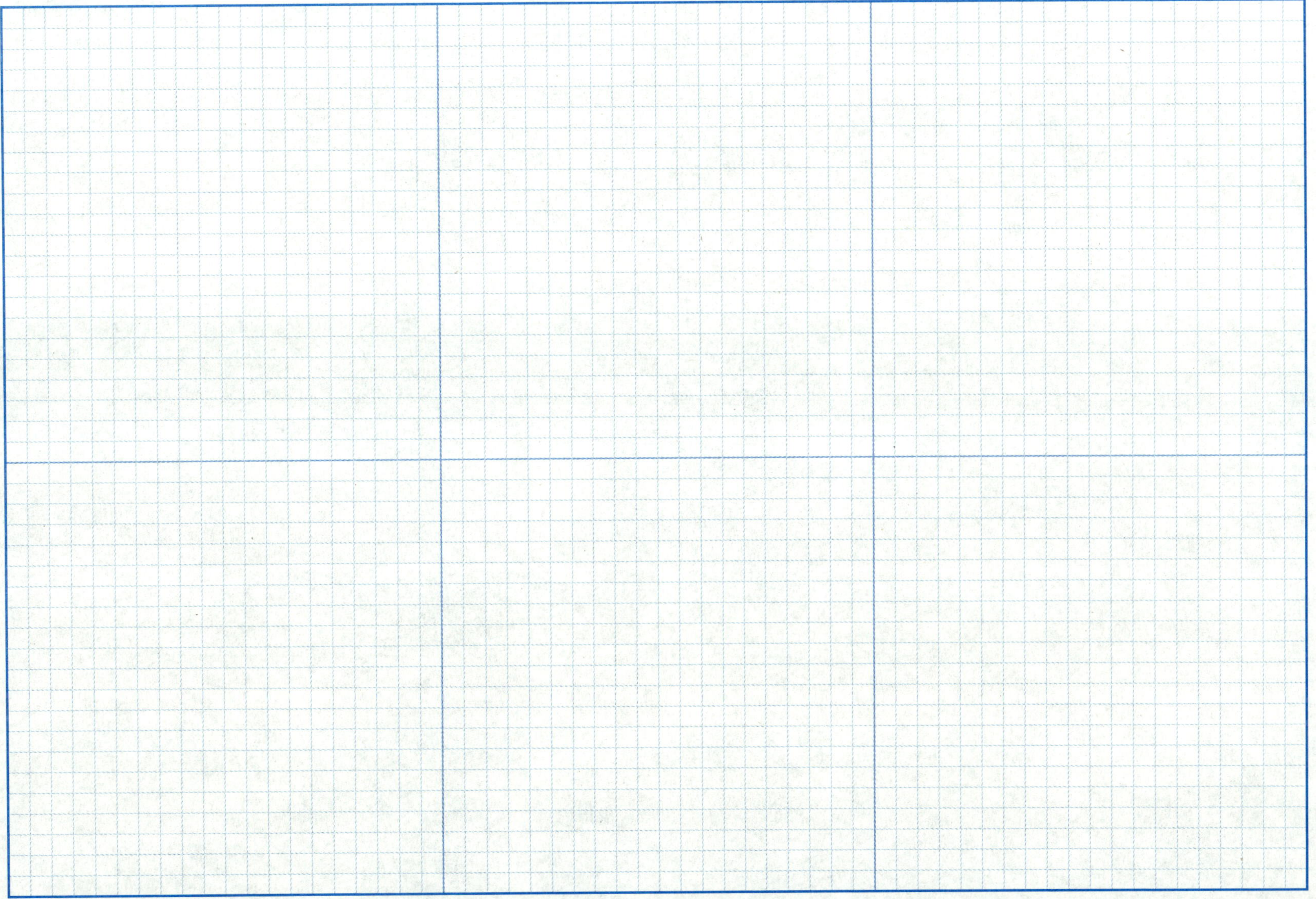

3—13 标注尺寸（数值从视图中量取，取整数）

1.

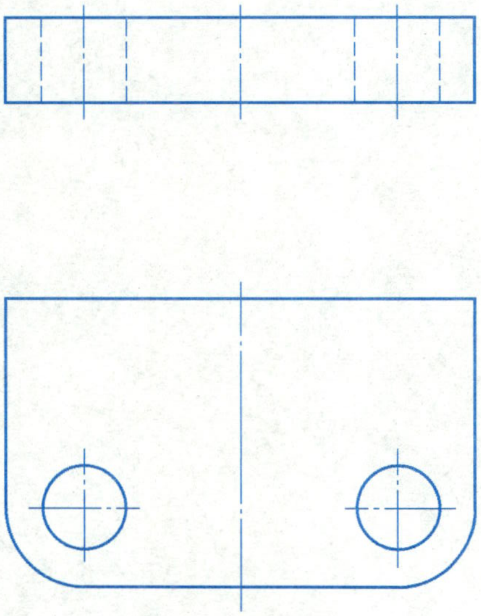

2.

3.

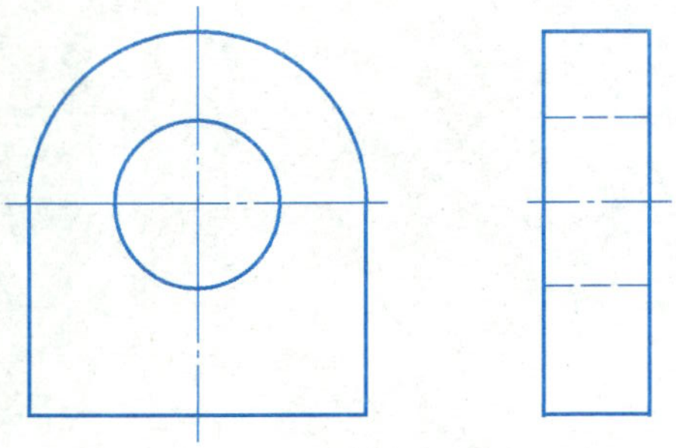

4.

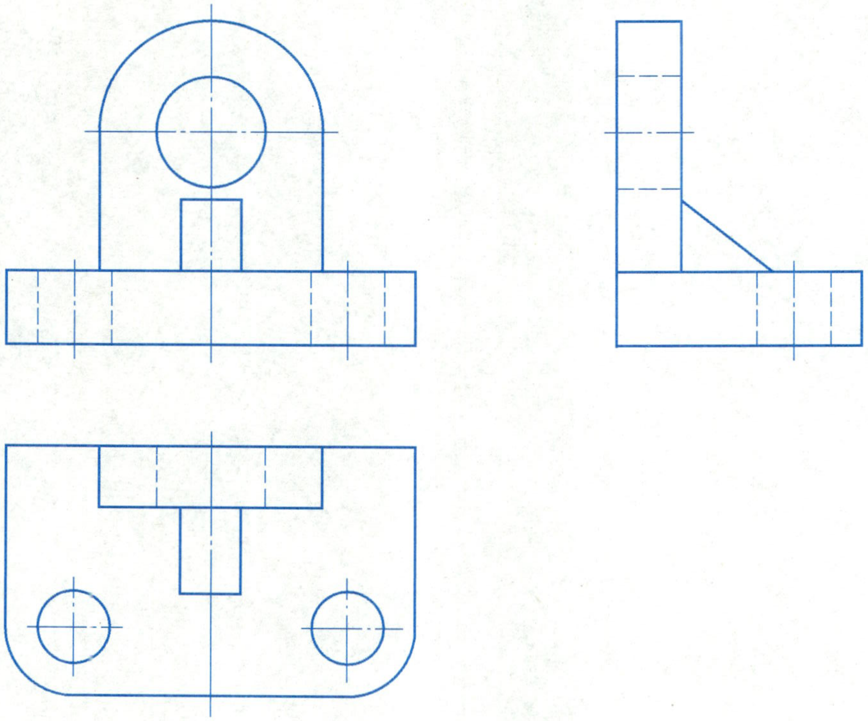

3—14 用符号▲标出宽度、高度方向尺寸主要基准，并补注视图中遗漏的尺寸（数值从图中量取，取整数）

1.

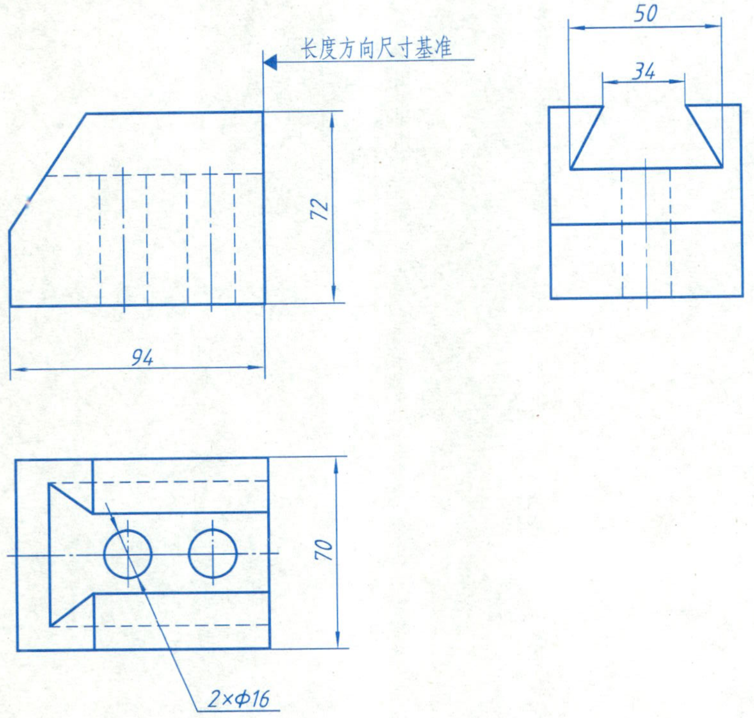

长度方向尺寸基准

50
34
72
94
70
2×Φ16

2.

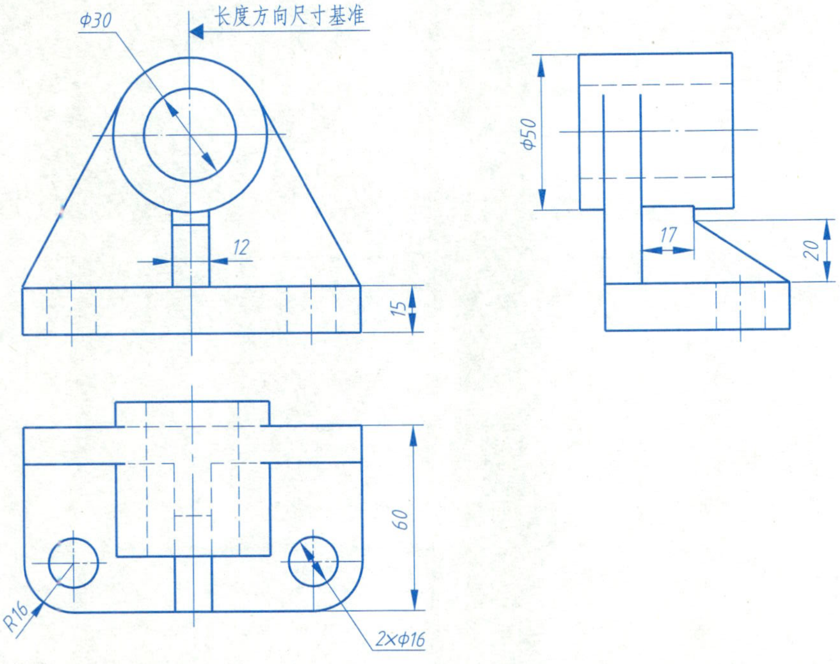

Φ30
长度方向尺寸基准
12
15
Φ50
17
20
60
R16
2×Φ16

班级 姓名 学号

3—15　标注组合体的尺寸，数值从视图中量取（取整数），并标出尺寸基准

1.

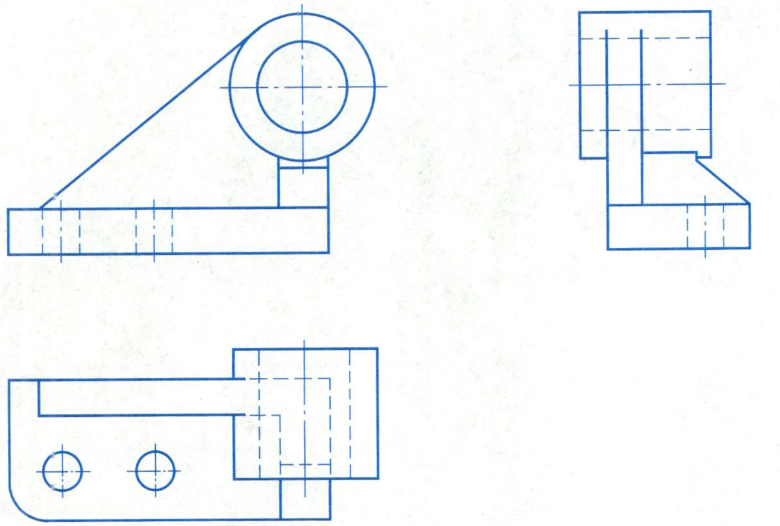

2.

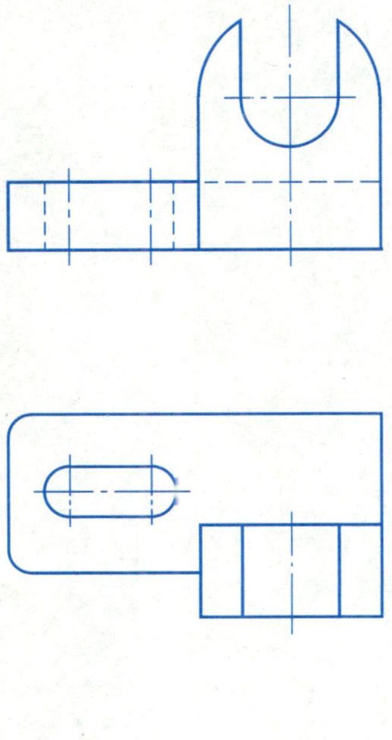

3.

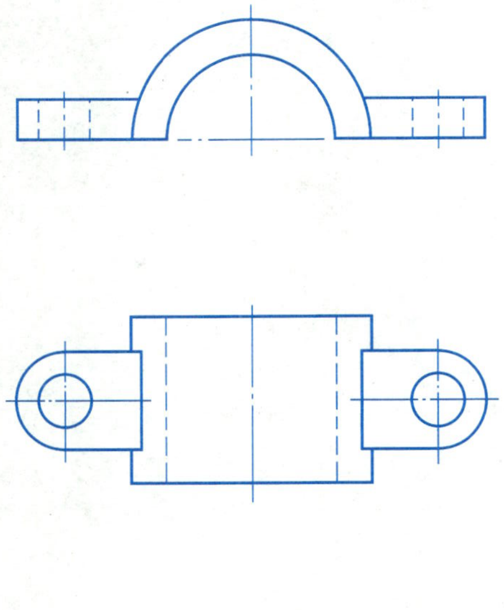

3—16 画组合体的三视图，并标注尺寸

1.

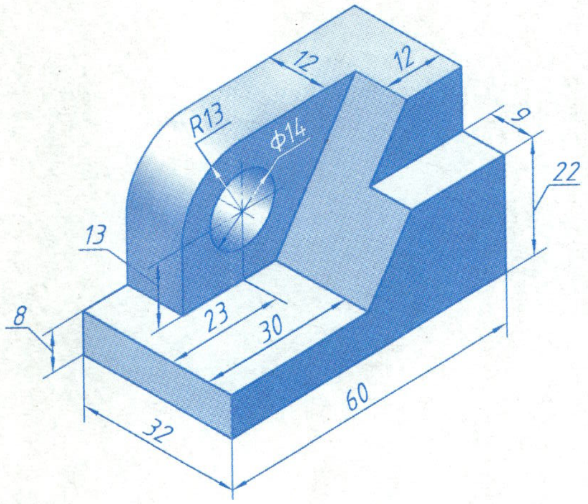

2.

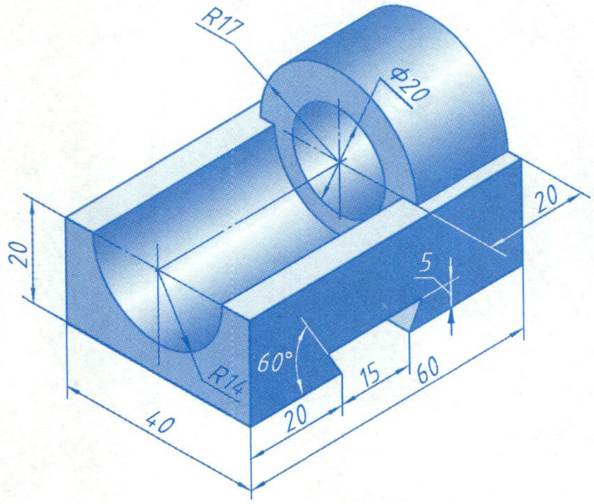

3—17　第二次作业——组合体

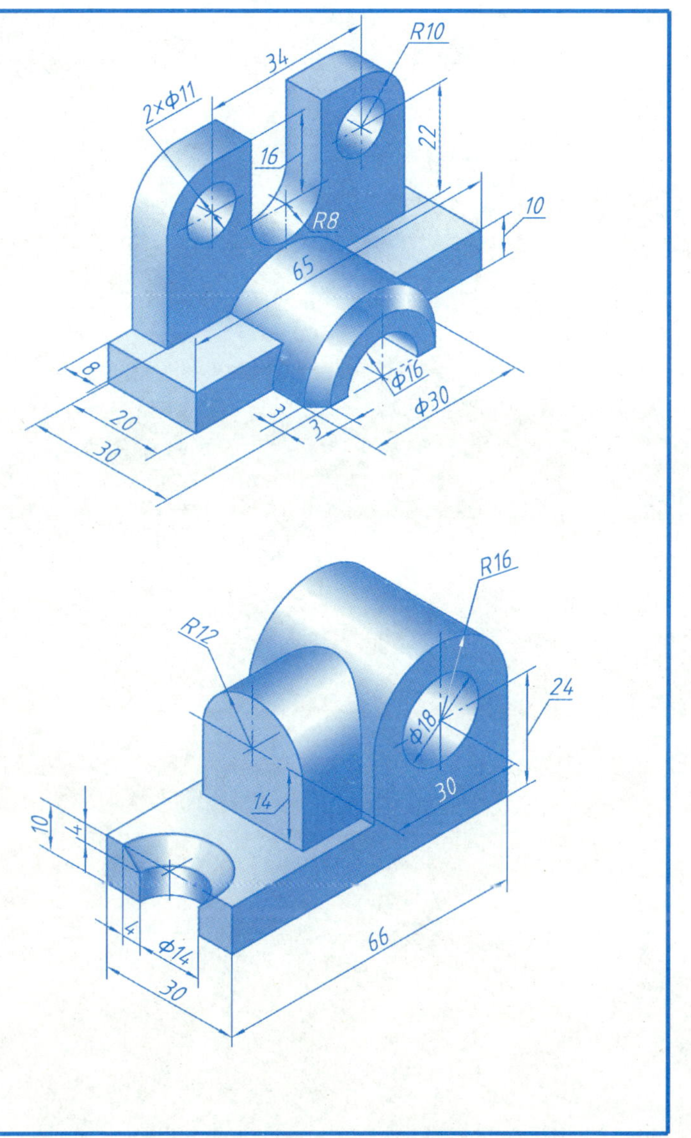

作业提示

1. 进一步理解物与图之间的对应关系，掌握运用形体分析法绘制组合体三视图的方法。

2. 要求：根据轴测图（或模型）画组合体的三视图，并标注尺寸，完整地表达组合体的内外形状。标注尺寸要齐全、清晰，并符合国家标准。

3. 图名：组合体。

4. 图幅：A3 图纸。比例为 1∶1。

5. 步骤及注意事项

（1）对所绘组合体进行形体分析，选择主视图，按轴测图（孔、槽均为通孔、通槽）所注尺寸（或模型实体大小）布置三个视图位置（注意视图之间预留标注尺寸的空间），画出各视图的对称中心线或其他作图基线。

（2）逐步画出组合体各部分的三视图（注意表面相切或相贯时的画法）。

（3）标注尺寸时应注意不要照搬轴测图上所注的尺寸，要重新考虑视图上的尺寸布置，以尺寸齐全、注法符合标准、配置适当为原则。

（4）完成底稿，经仔细校核后，清理图面，用铅笔描深。

（5）图面质量与标题栏的要求同第一次作业。

3—18　参照轴测图，根据给出的主视图补画俯、左视图（立体的宽度为 10 mm）

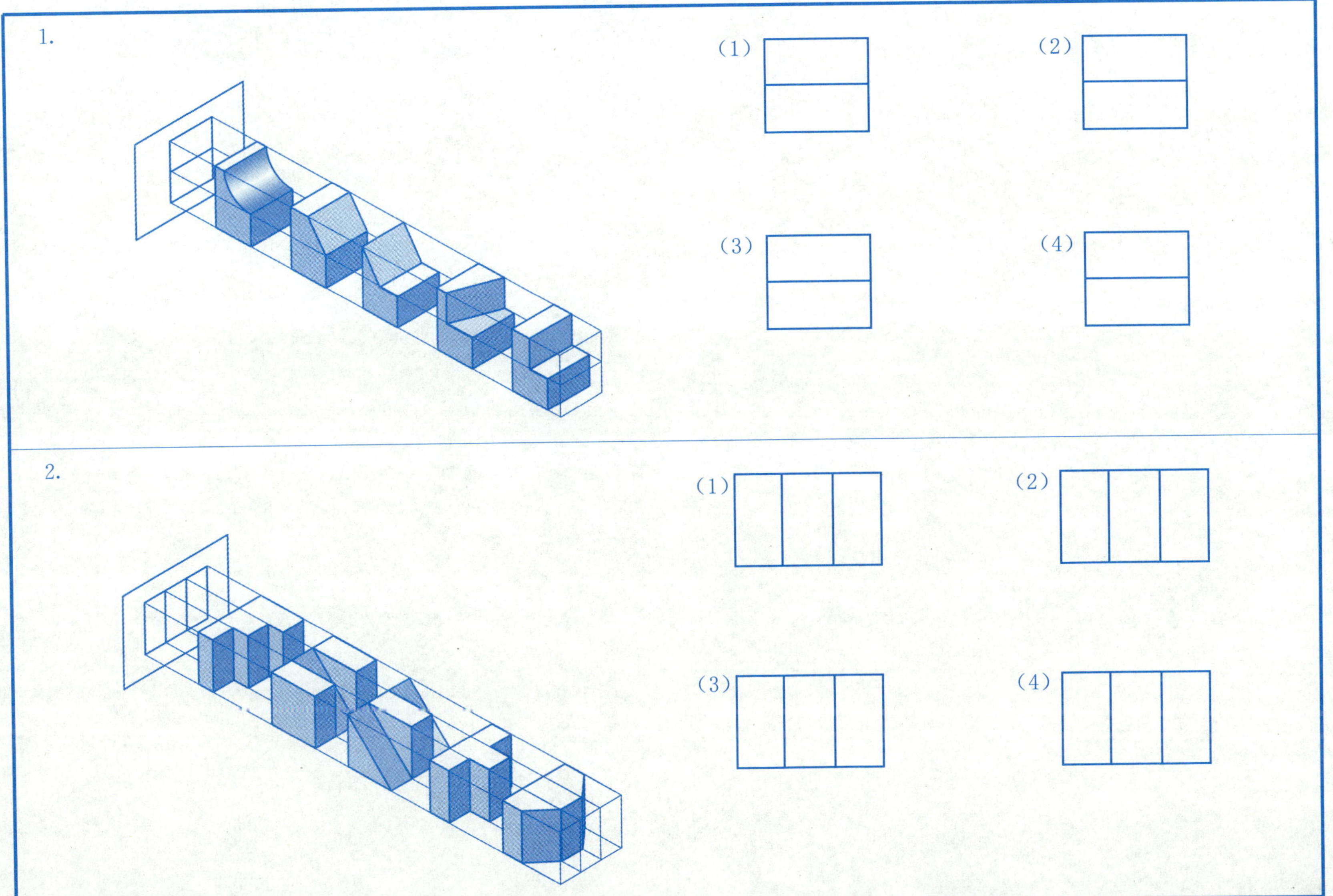

班级　　　　姓名　　　　学号

3—19　参照第 1 题，读懂组合体的三视图，并填空

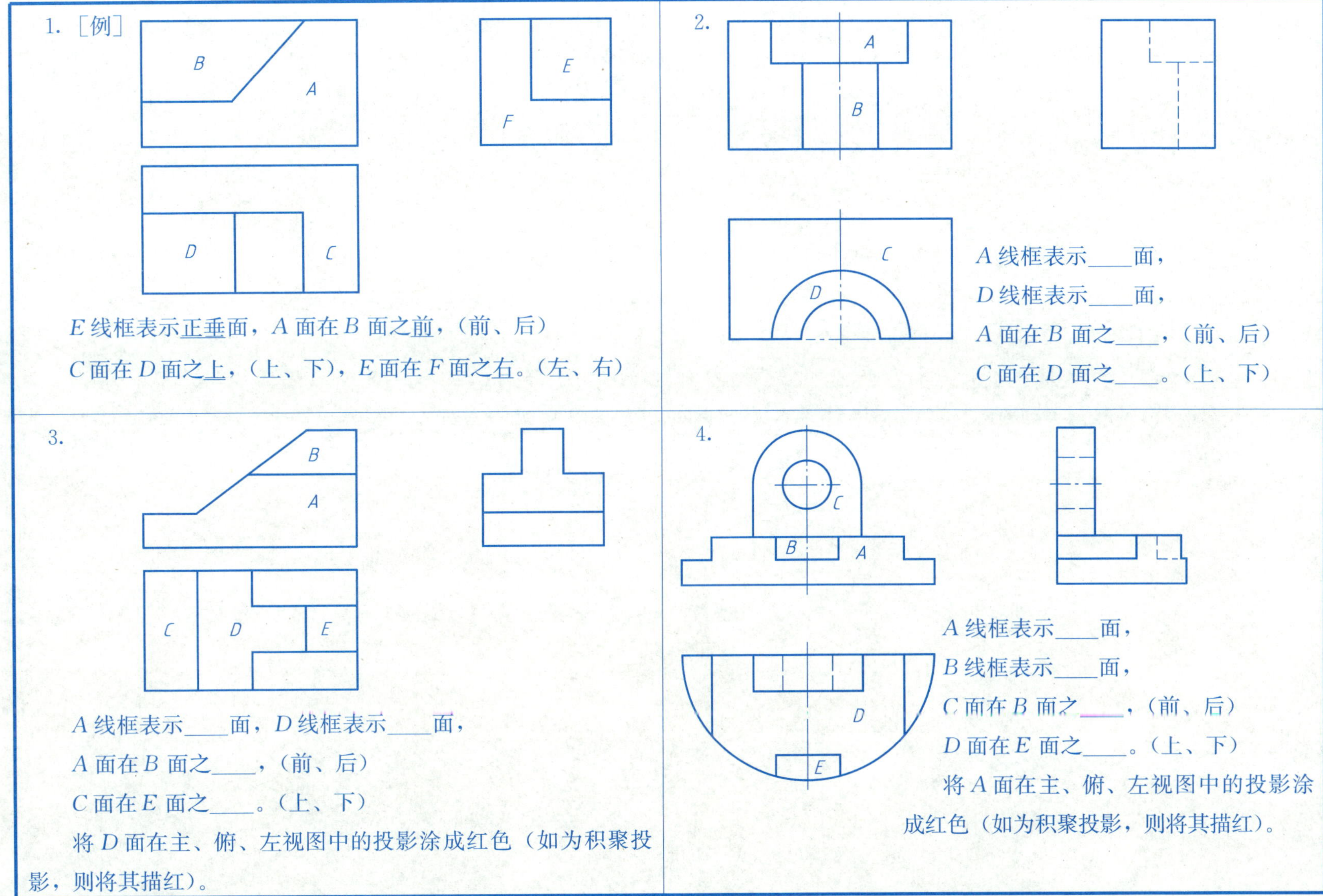

1.［例］

E 线框表示正垂面，A 面在 B 面之前，（前、后）

C 面在 D 面之上，（上、下），E 面在 F 面之右。（左、右）

2.

A 线框表示____面，

D 线框表示____面，

A 面在 B 面之____，（前、后）

C 面在 D 面之____。（上、下）

3.

A 线框表示____面，D 线框表示____面，

A 面在 B 面之____，（前、后）

C 面在 E 面之____。（上、下）

将 D 面在主、俯、左视图中的投影涂成红色（如为积聚投影，则将其描红）。

4.

A 线框表示____面，

B 线框表示____面，

C 面在 B 面之____，（前、后）

D 面在 E 面之____。（上、下）

将 A 面在主、俯、左视图中的投影涂成红色（如为积聚投影，则将其描红）。

3—20　根据给定的两个视图补画左视图（有多种答案，至少画出两个）

1.

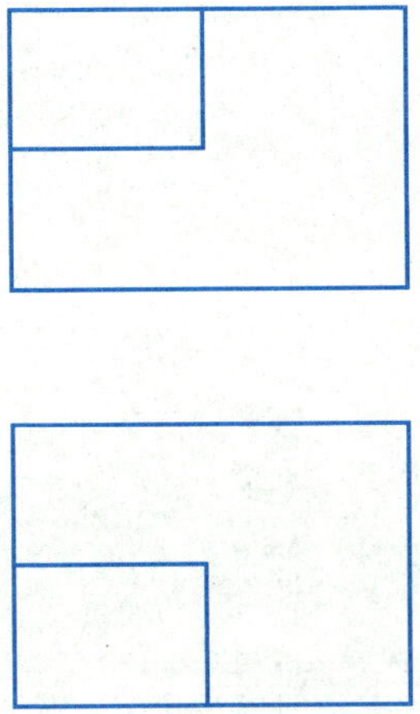

2.

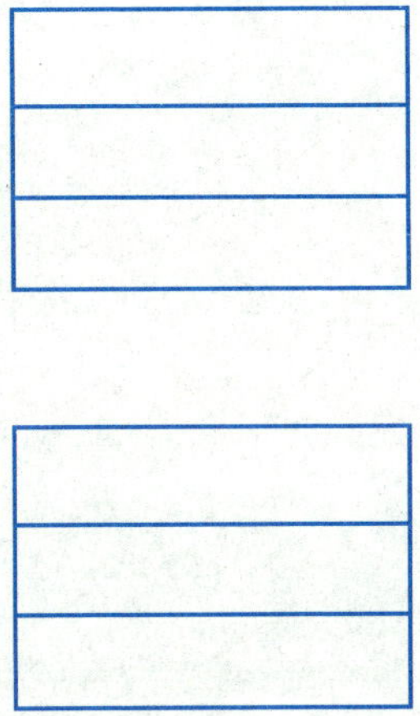

3.

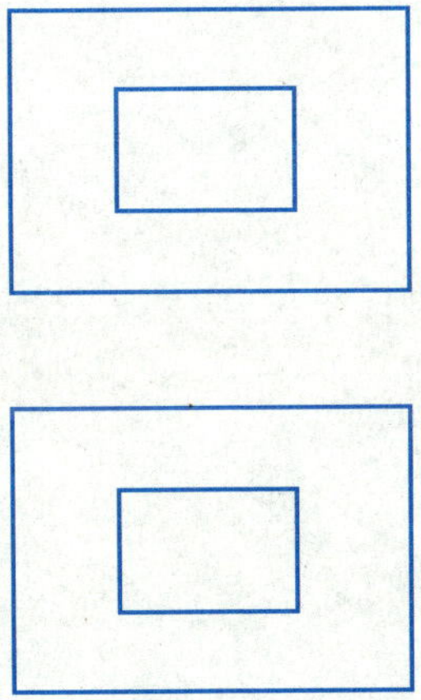

4.

3—21　根据两视图补画第三视图，并完成轴测草图

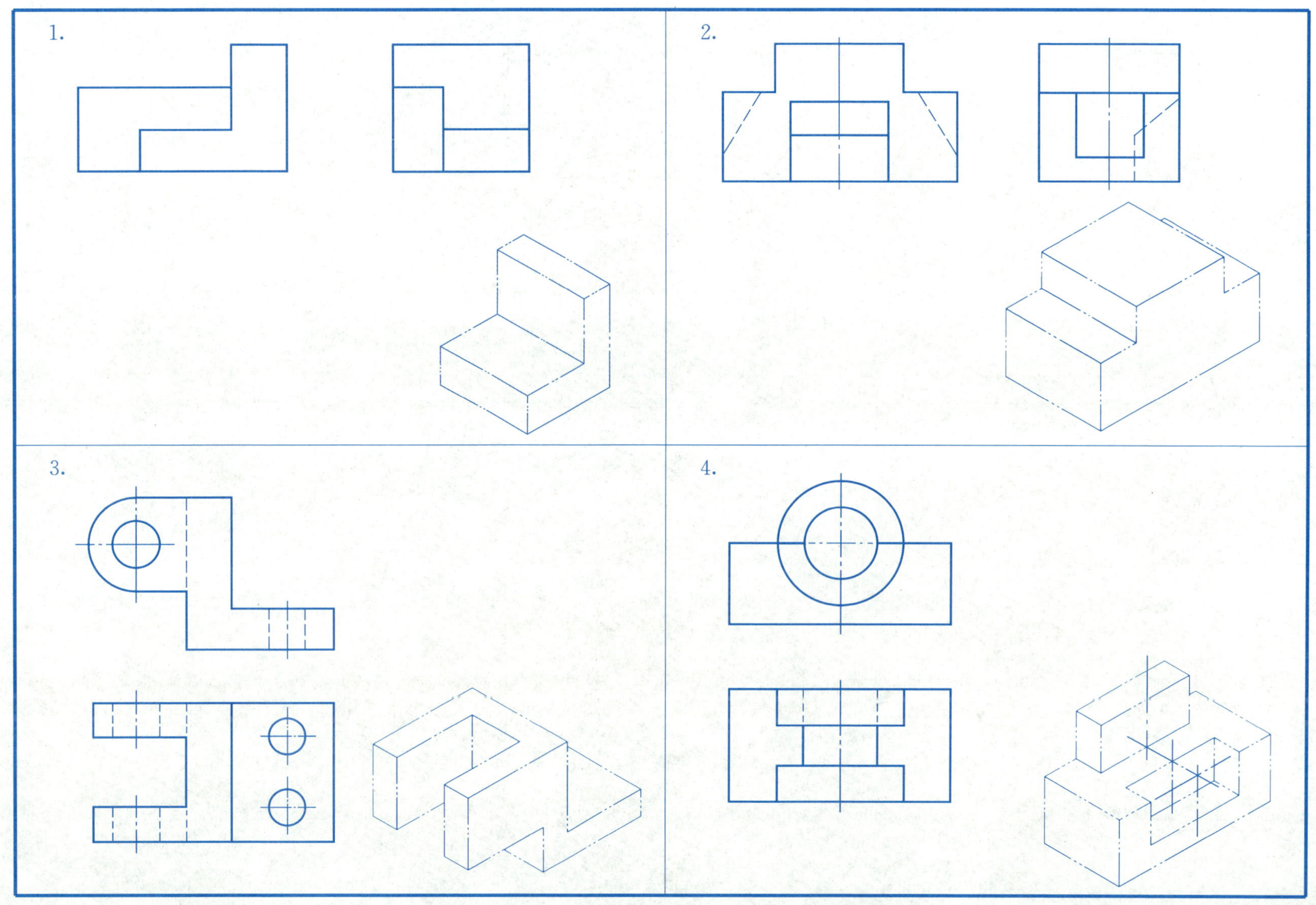

3—22 由已知两视图补画第三视图

3—23　由三视图画正等轴测图（徒手）

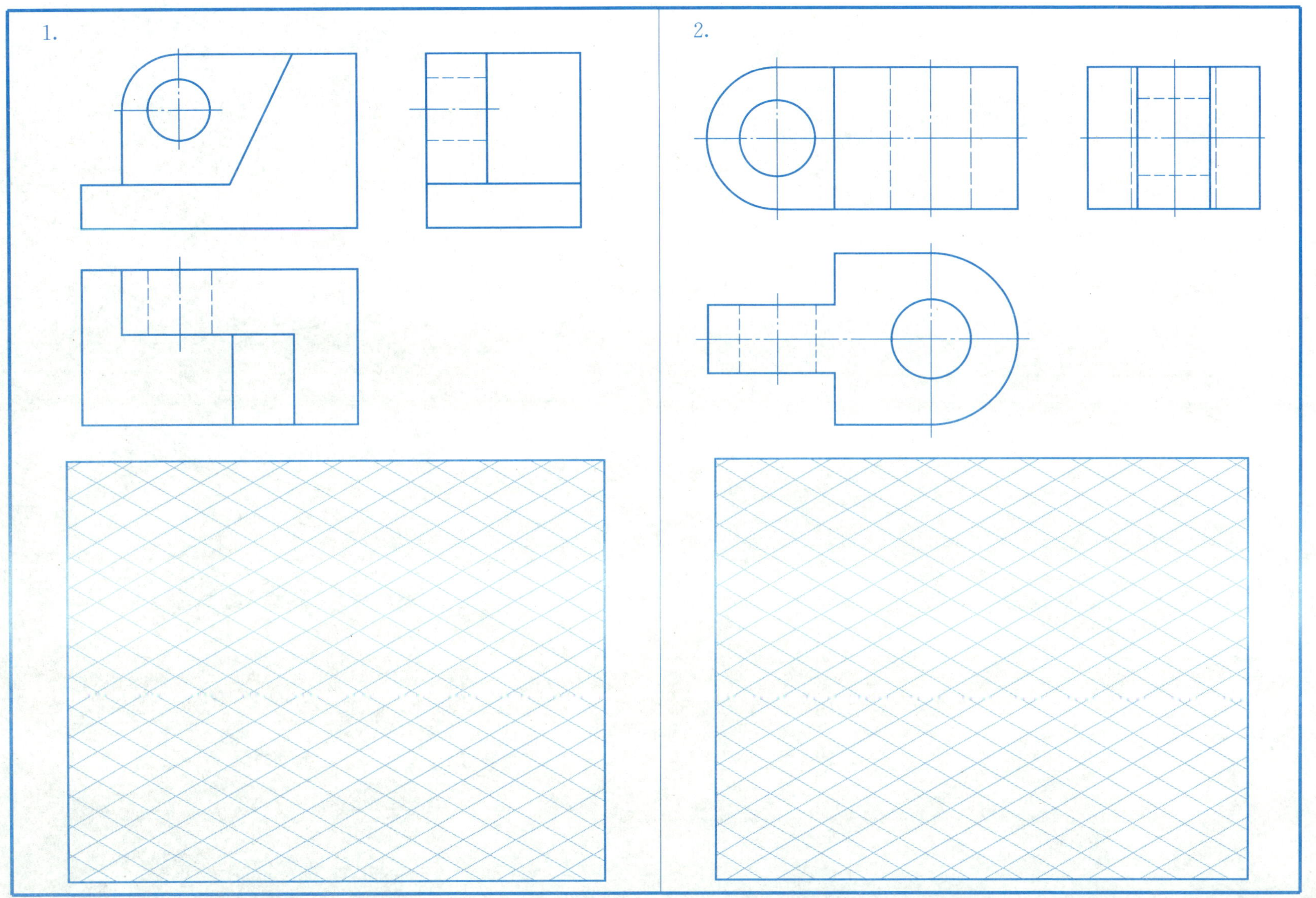

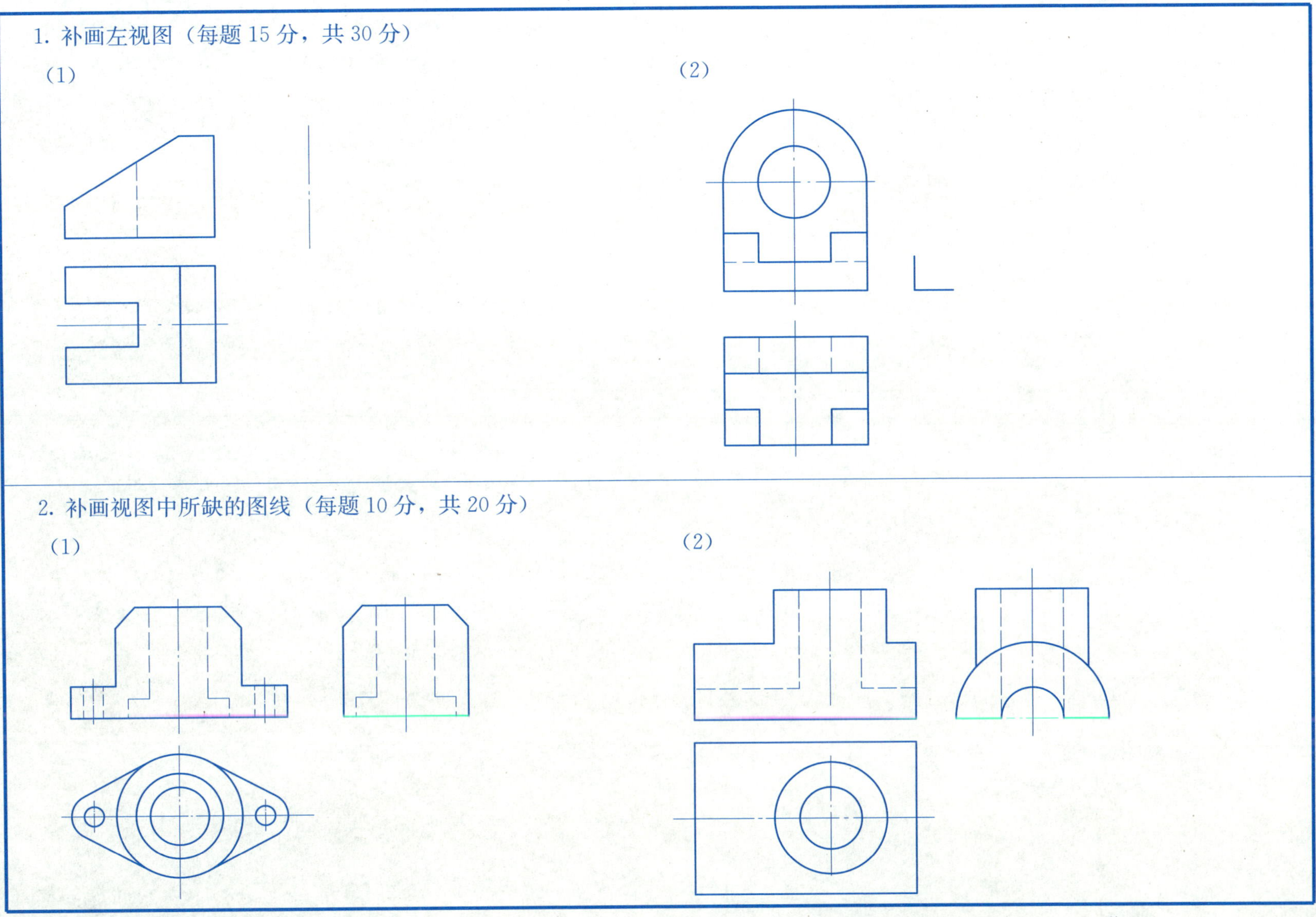

班级　　　　姓名　　　　学号

3. 补画俯视图（15 分）

4. 根据给出的两视图选择正确的左视图（15 分）

5. 识读已知组合体视图，并标注尺寸（数值从图中量取，取整数）（20 分）

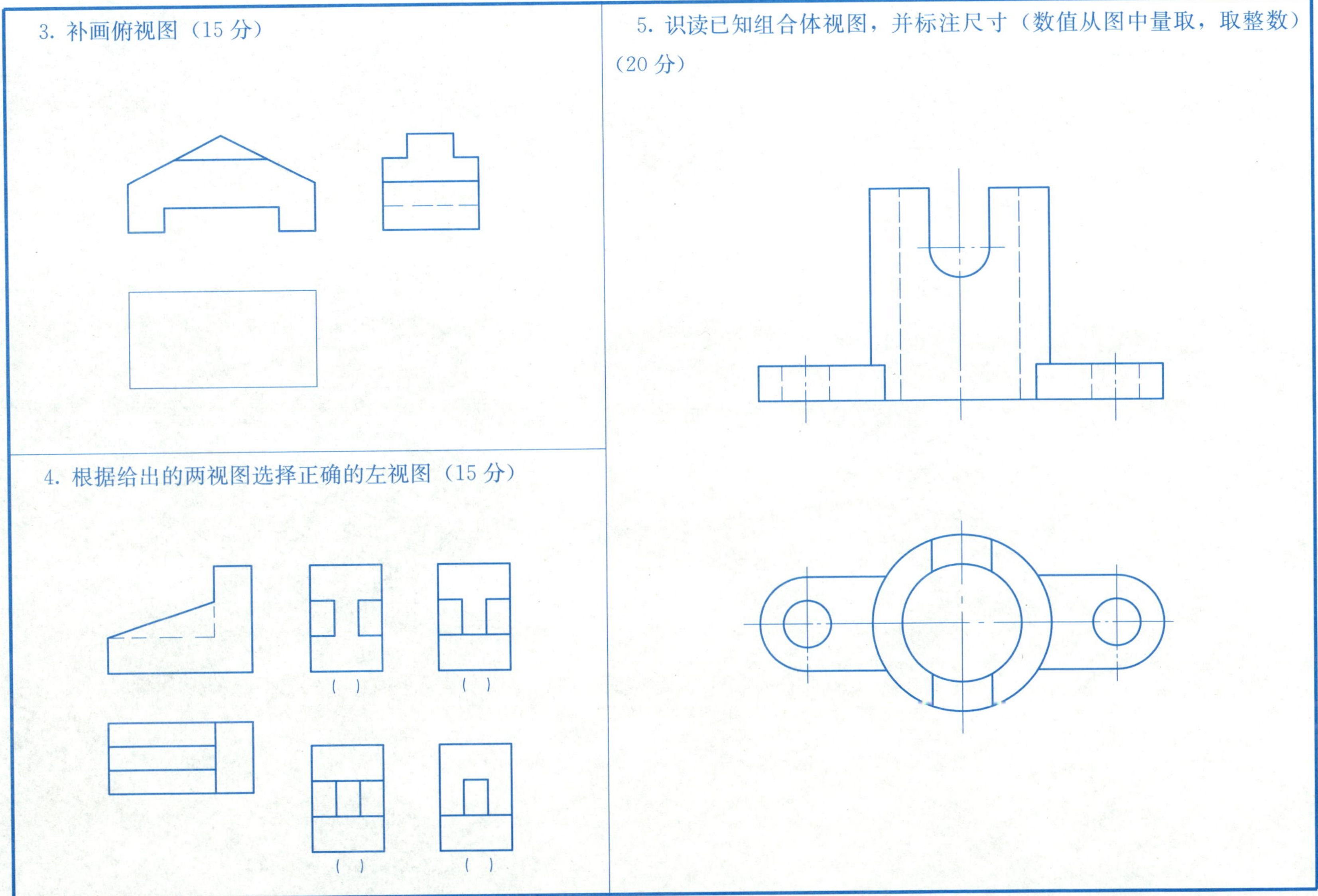

第 4 章　机械图样的基本表示法

4—1　基本视图和向视图

1. 根据主、俯、左视图，补画右、仰、后视图

2. 在指定位置画出 A、B、C 向视图

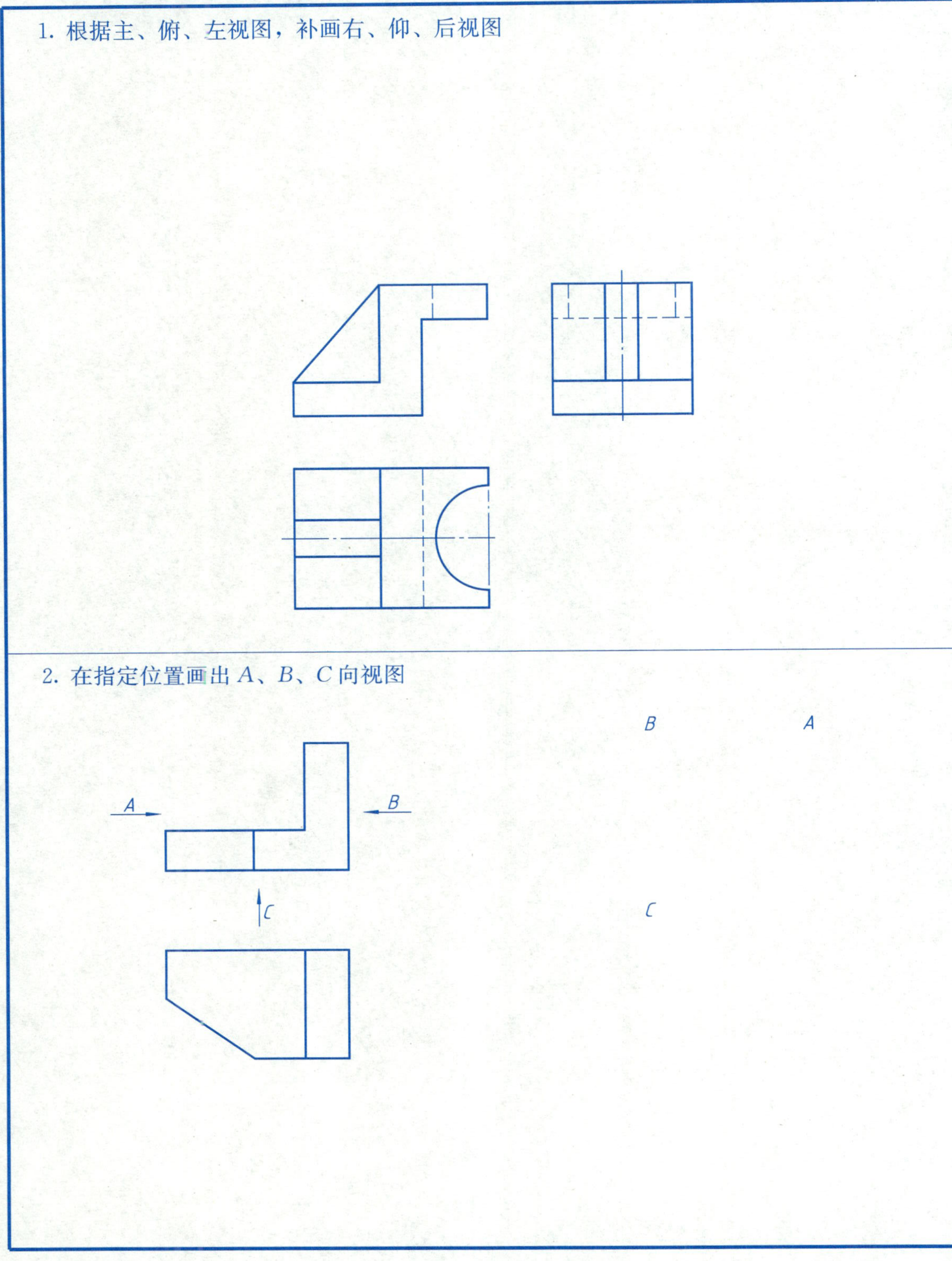

4—2 局部视图和斜视图（一）

1. 在指定位置作局部视图和斜视图

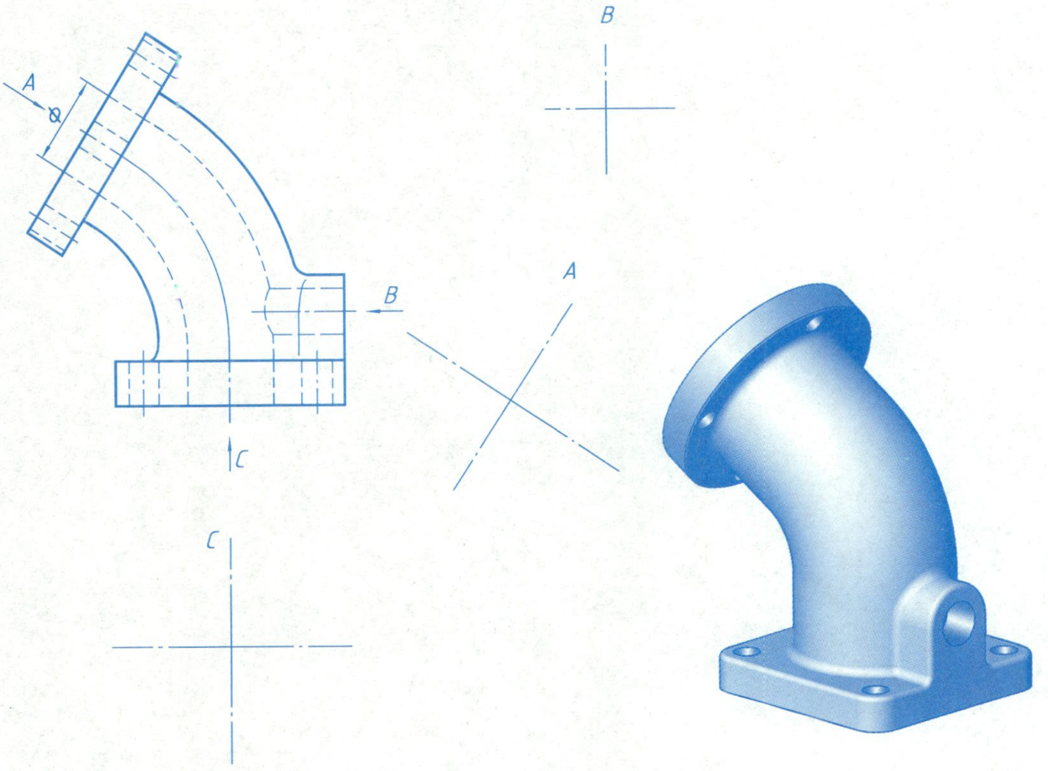

A B C

2. 参照轴测图，作局部视图和斜视图，并按规定标注（除所给尺寸外，其余均可在主视图上量取，取整数）

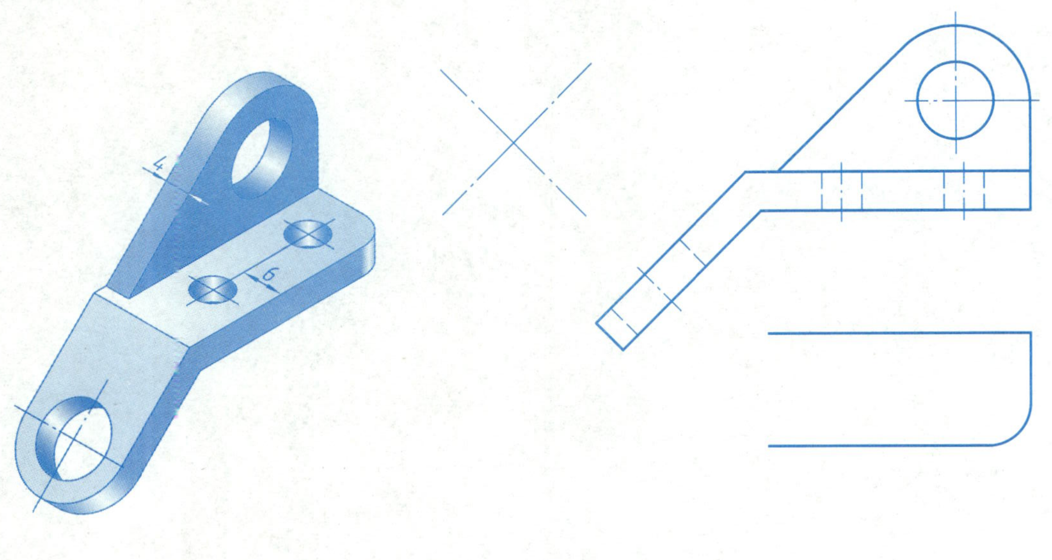

4 6

4—3 局部视图和斜视图（二）

1. 读懂弯板的各部分形状后，完成局部视图和斜视图，并按规定标注（不注尺寸）

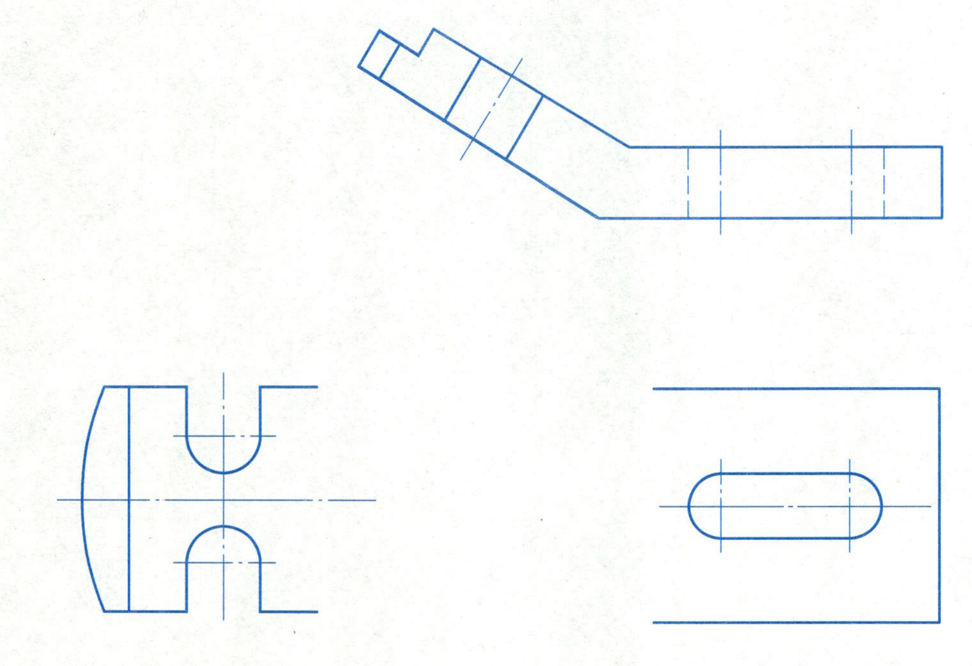

2. 按第三角画法在指定位置画出支座右部凸台的局部视图，并考虑是否需要标注

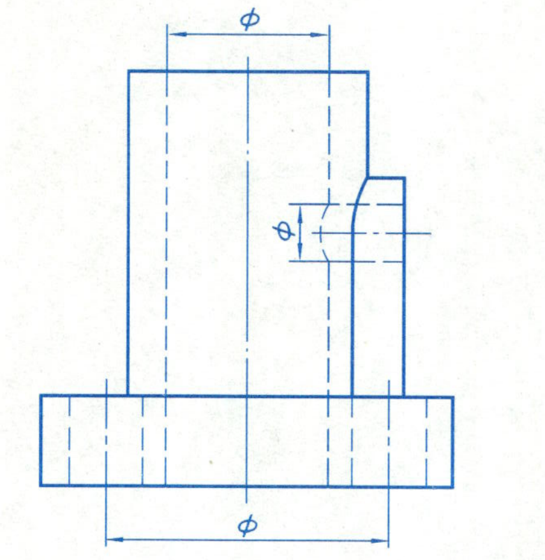

4—4 剖视的概念（一）

1. 将主视图画成全剖视图

2. 补全主视图中的漏线

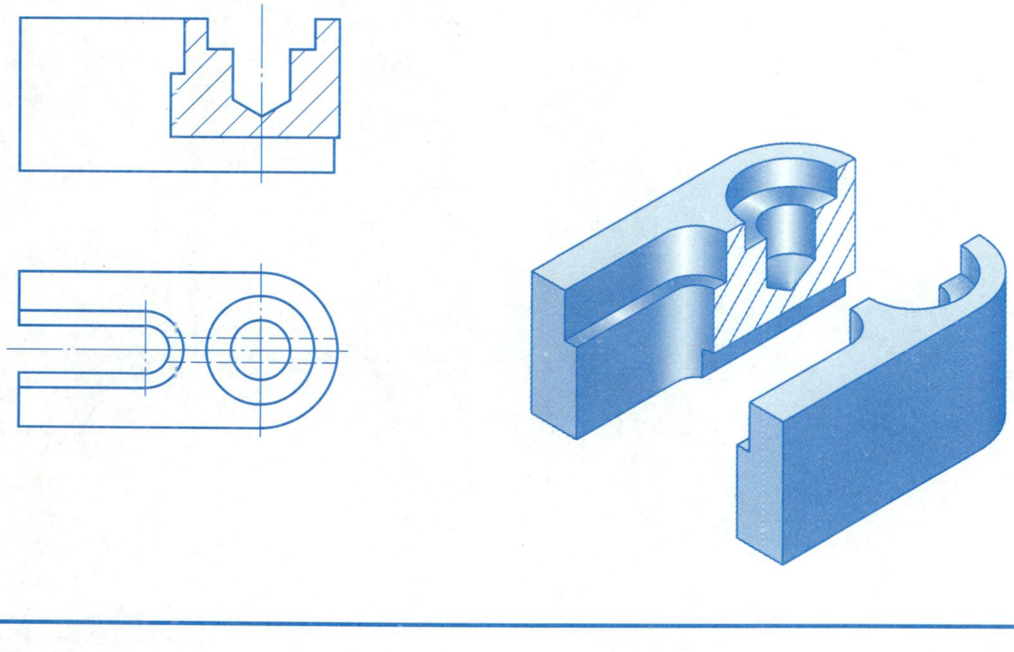

4—5 剖视的概念（二）

1. 分析视图中的错误，在指定位置作正确的剖视图

（1）

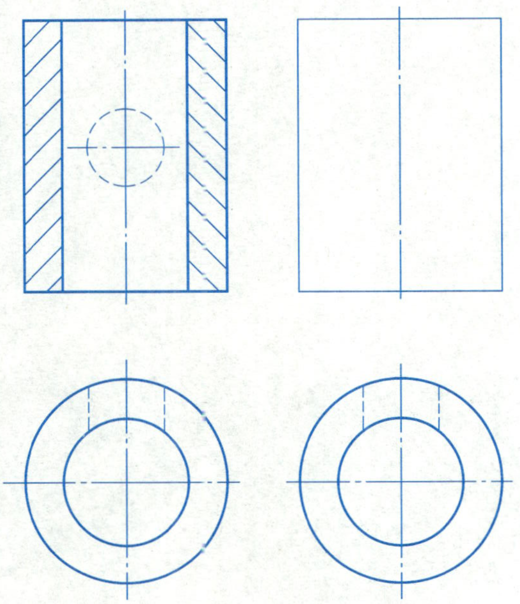

（2）

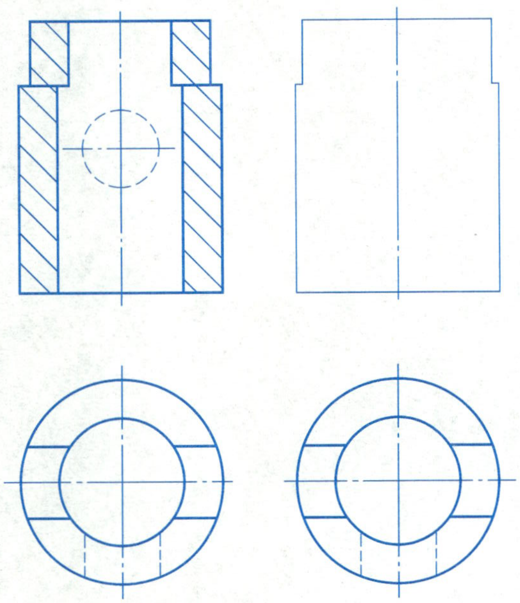

2. 补全剖视图中的漏线

（1）

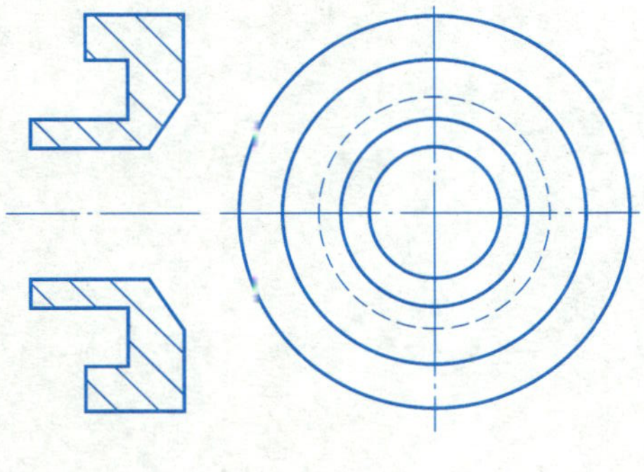

（2）

（3）

4—6 半剖视图（一）

1. 将主视图画成半剖视图，左视图画成全剖视图

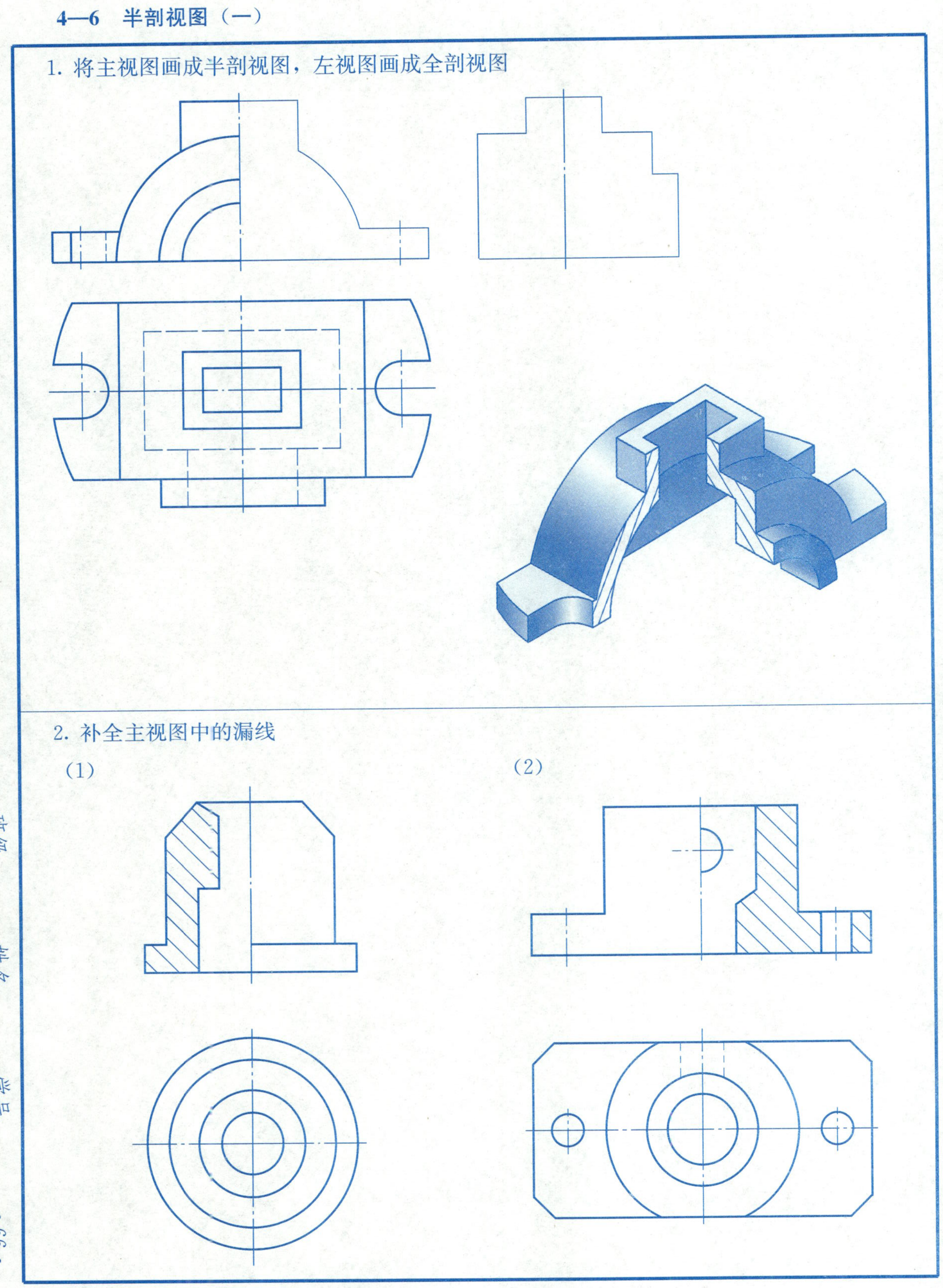

2. 补全主视图中的漏线

（1）

（2）

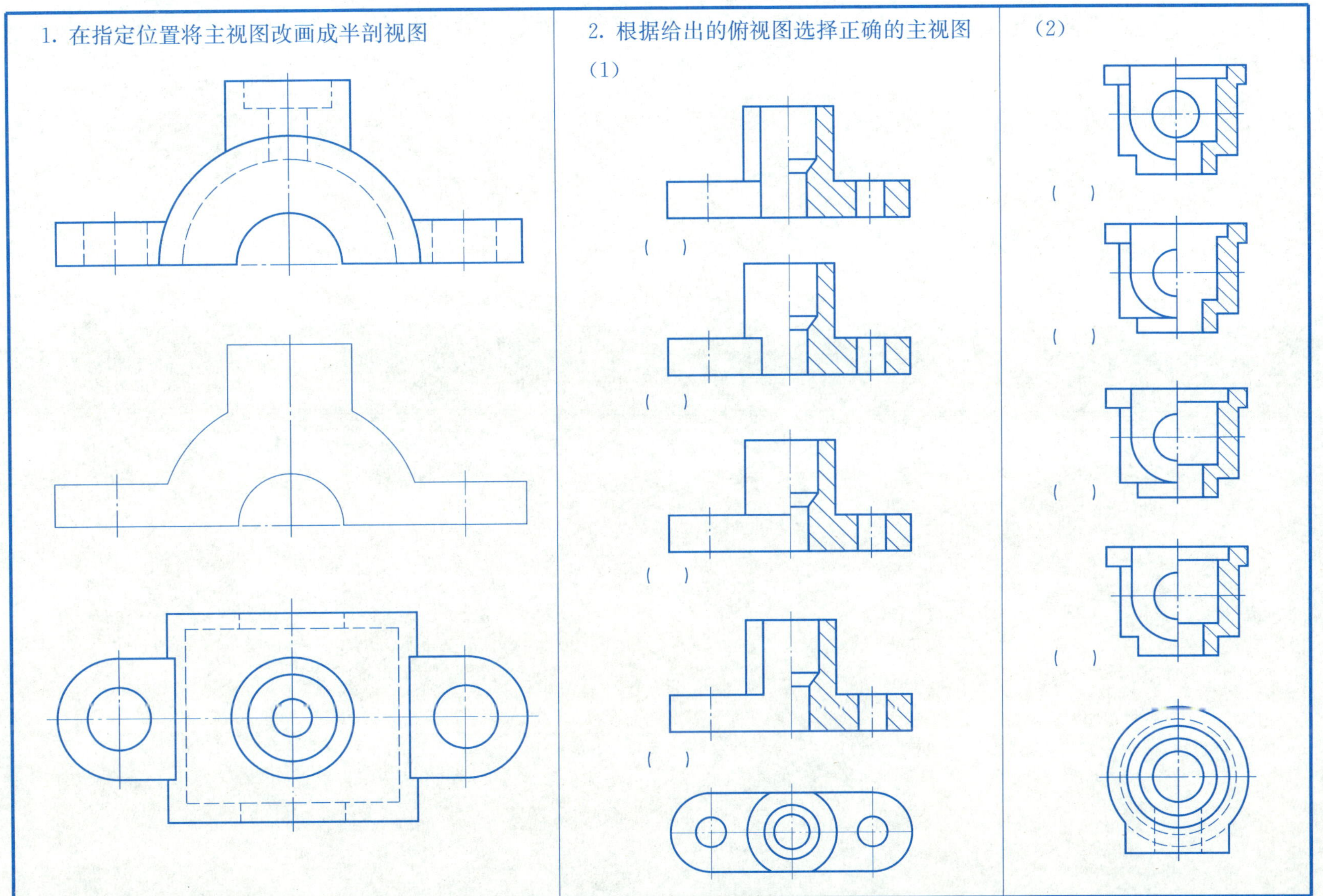
1. 在指定位置将主视图改画成半剖视图
2. 根据给出的俯视图选择正确的主视图
(1)
( )
( )
( )
( )
(2)
( )
( )
( )
( )

4—8 局部剖视图（一）

1. 将主视图改画为恰当的局部剖视图

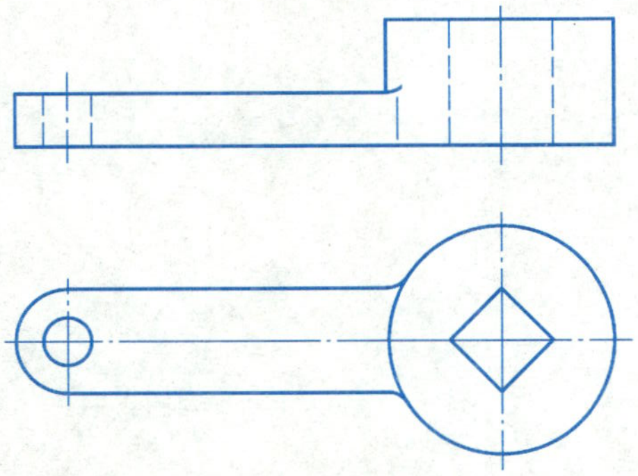

2. 将主、左视图改画为恰当的局部剖视图

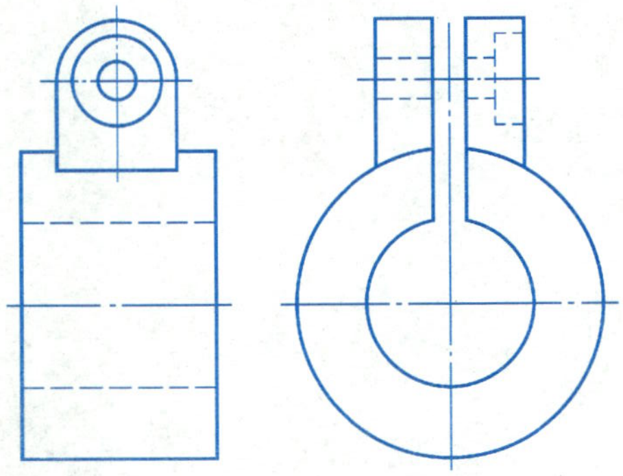

3. 在给出的图框内完成带局部剖视的主、俯视图

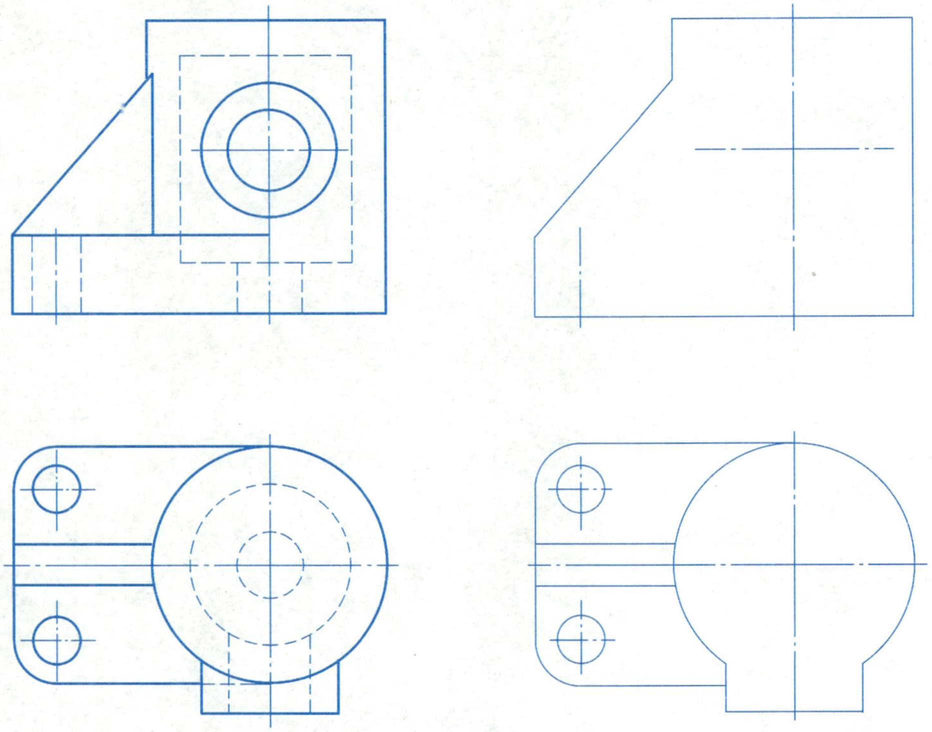

4—9 局部剖视图（二）选择正确的局部剖视图

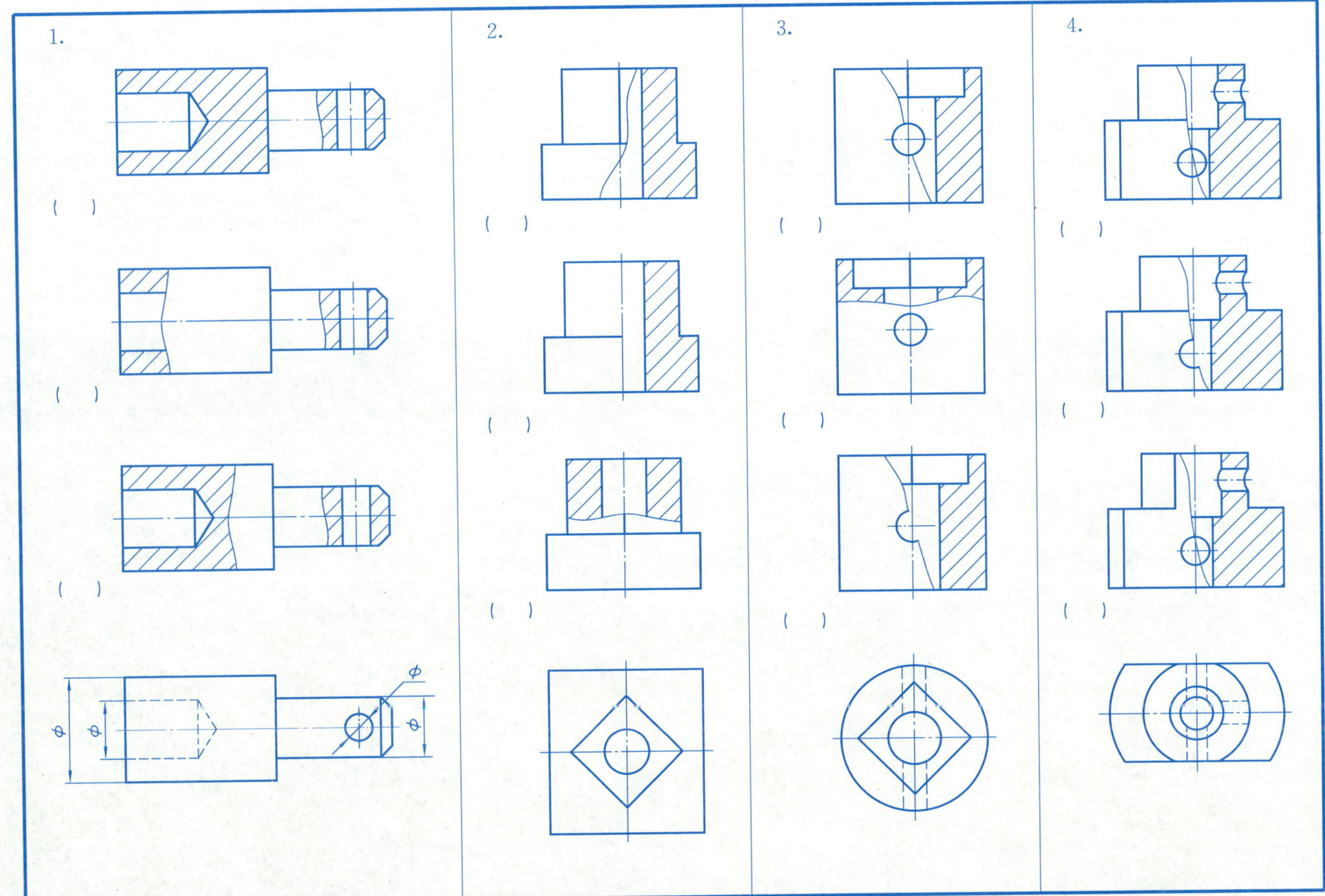

4—10 根据轴测图徒手画出主、俯视图，并将主视图画成半剖视图

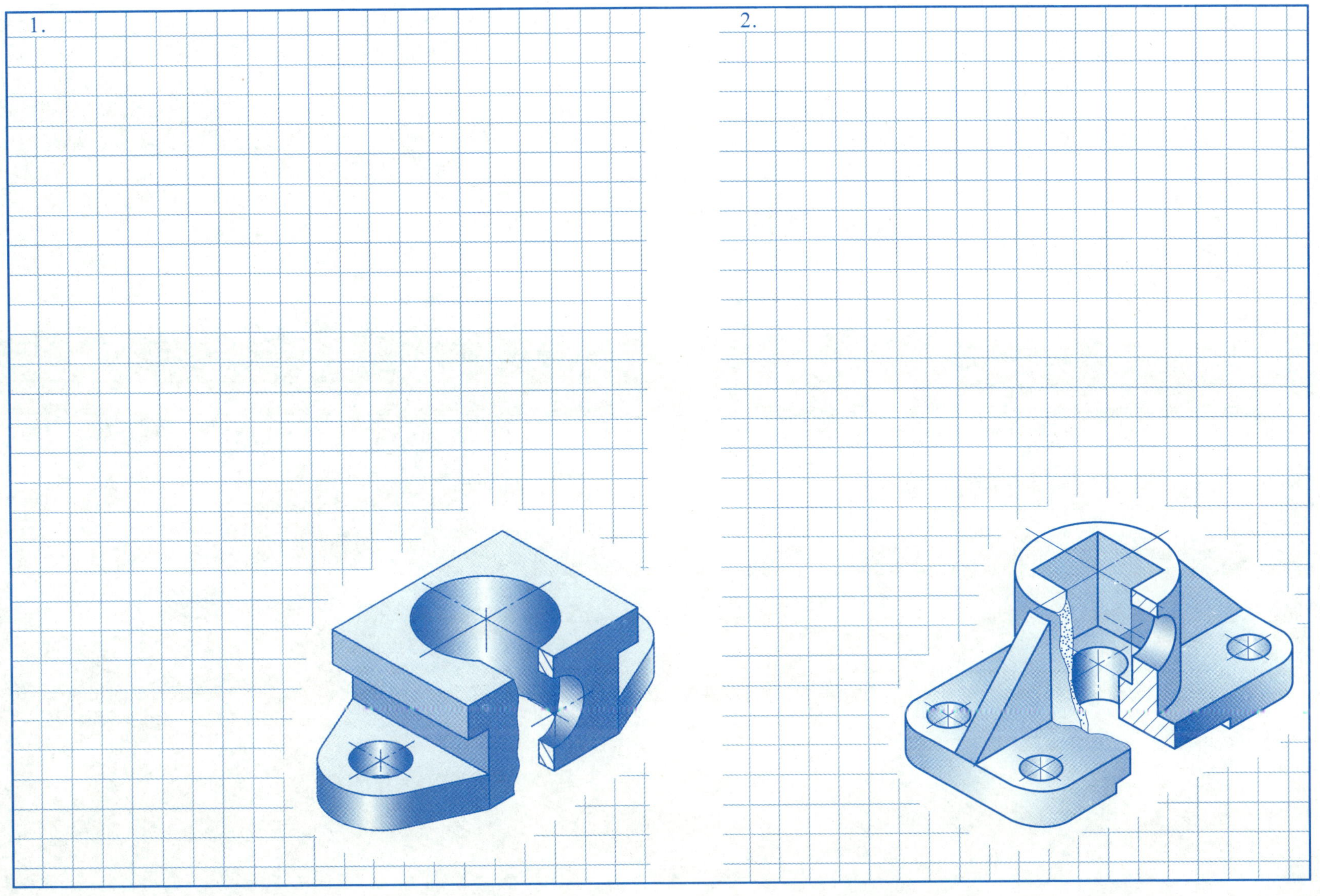

1. 作 *A*—*A* 全剖视图

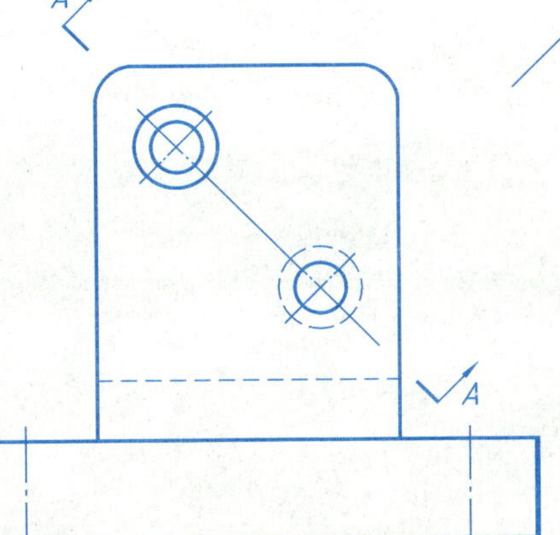

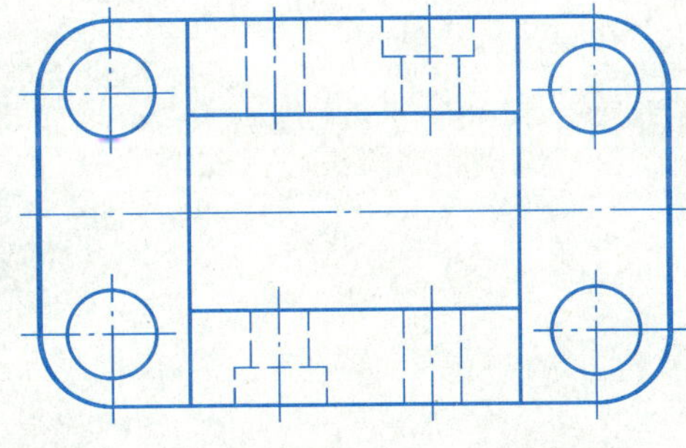

2. 看图回答问题

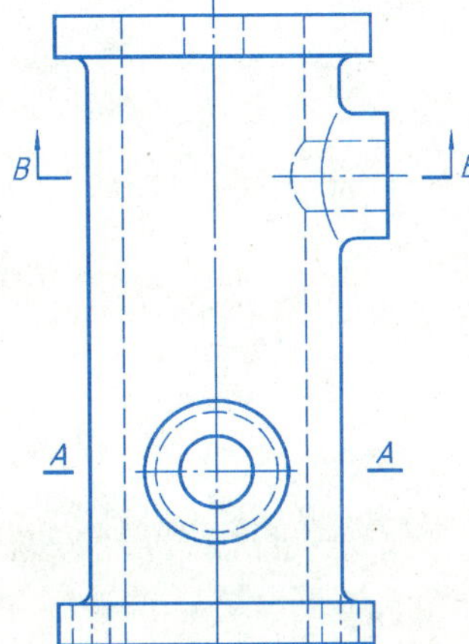

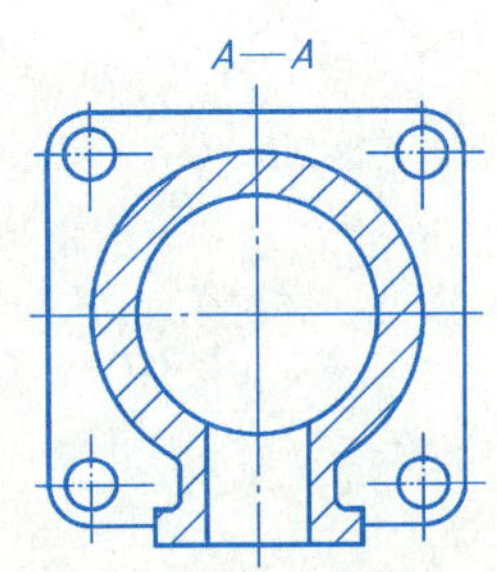

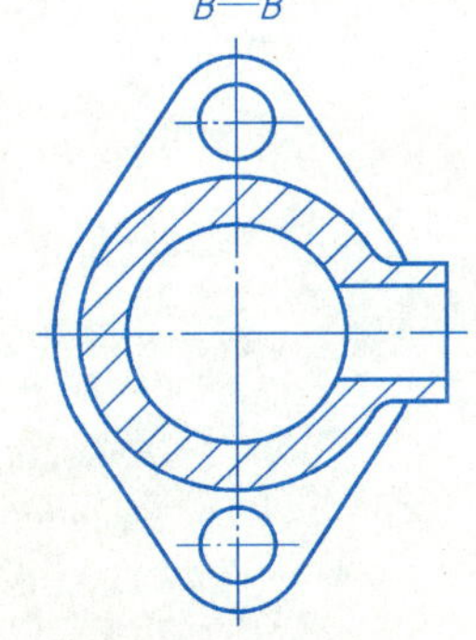

(1) 机件由____部分组成，用了____个图，分别是____。

(2) 下底盘是________体，由____________图表达。

(3) 上端是____状_____形，由________图表达。

4—12 用几个平行的剖切平面将主视图画成恰当的全剖视图

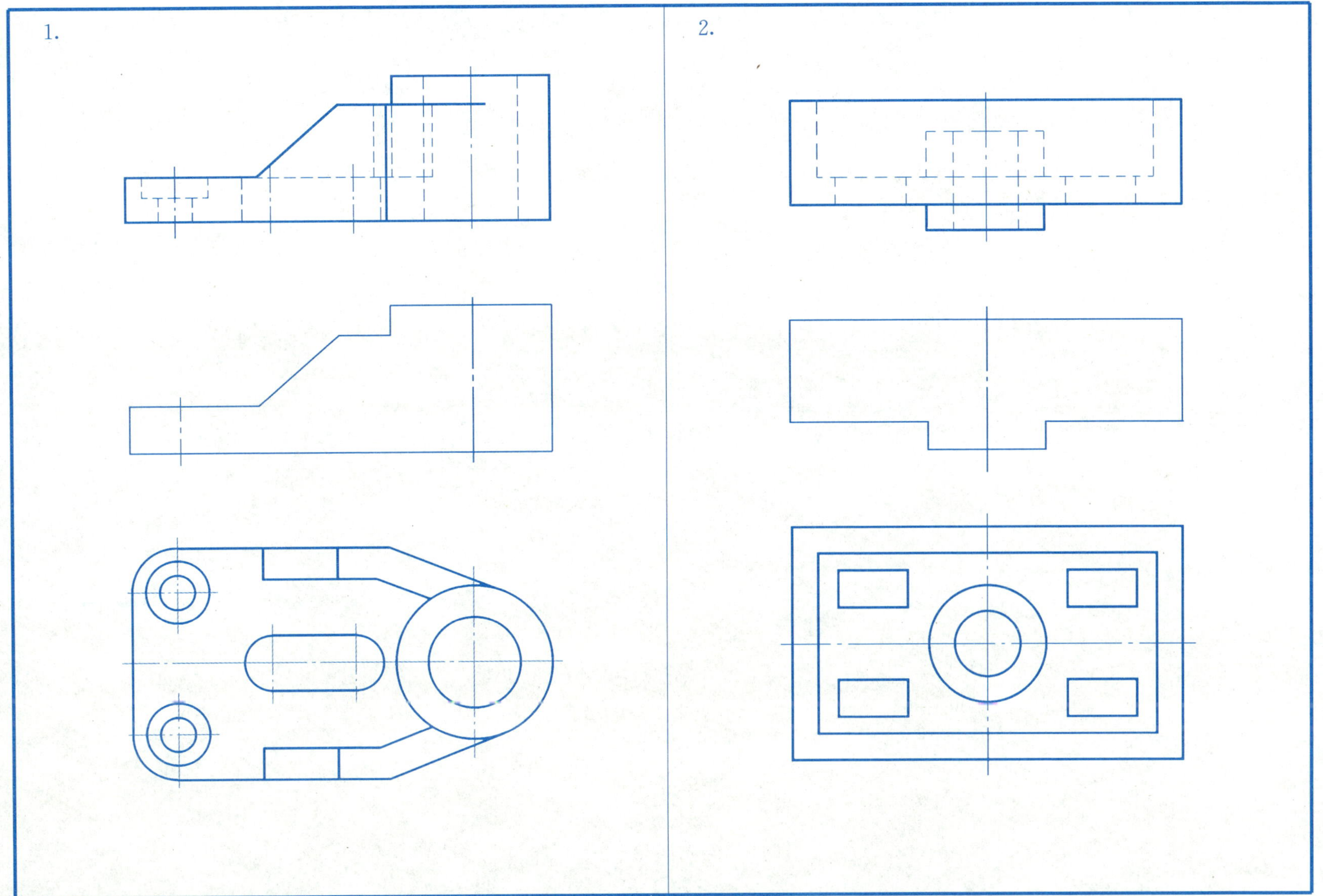

1. 用两个相交的剖切平面将主视图画成全剖视图

2. 选择正确的主视图

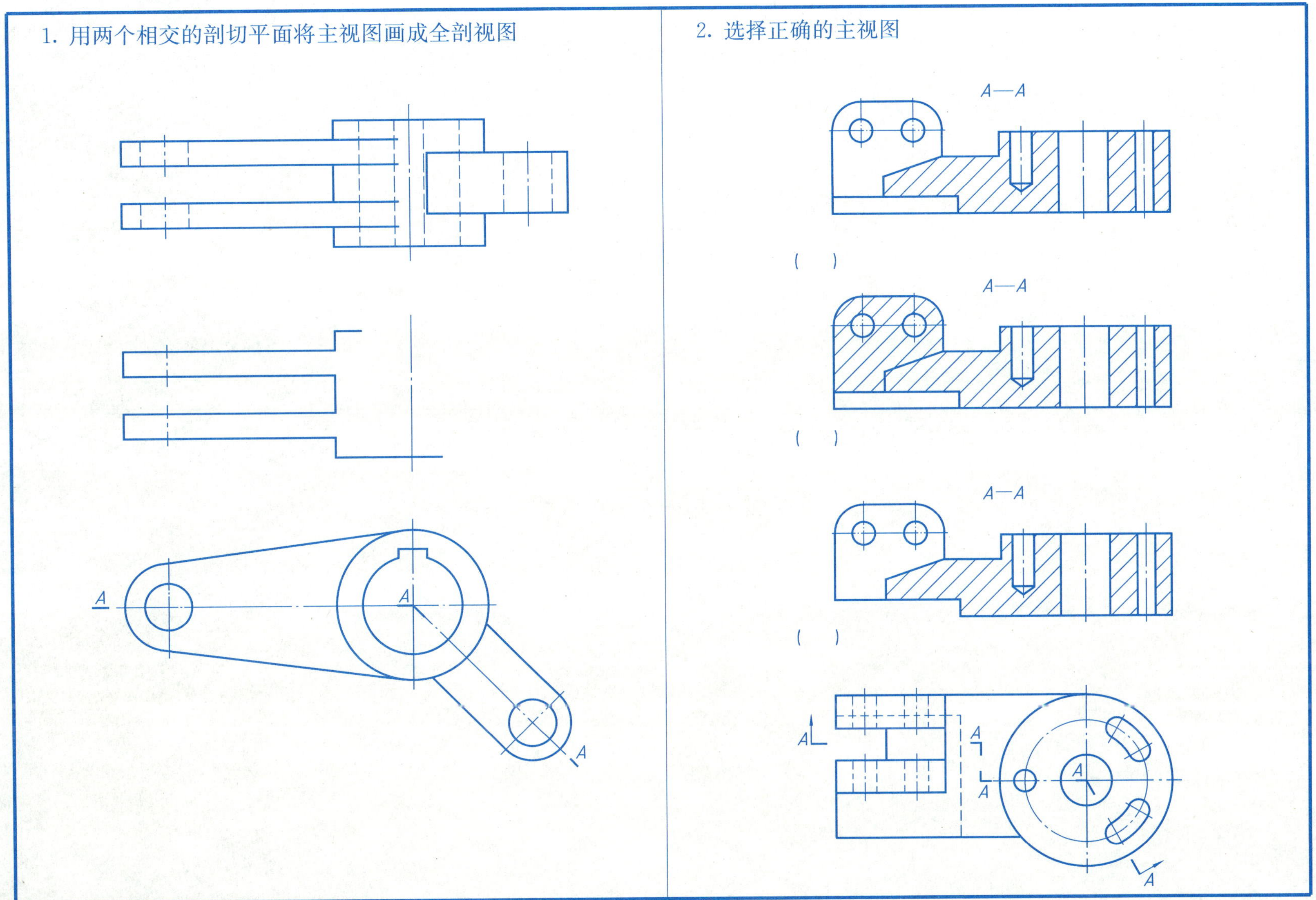

4—14　在指定位置作移出断面图

1. 单面键槽深 4 mm，右端双面有平面

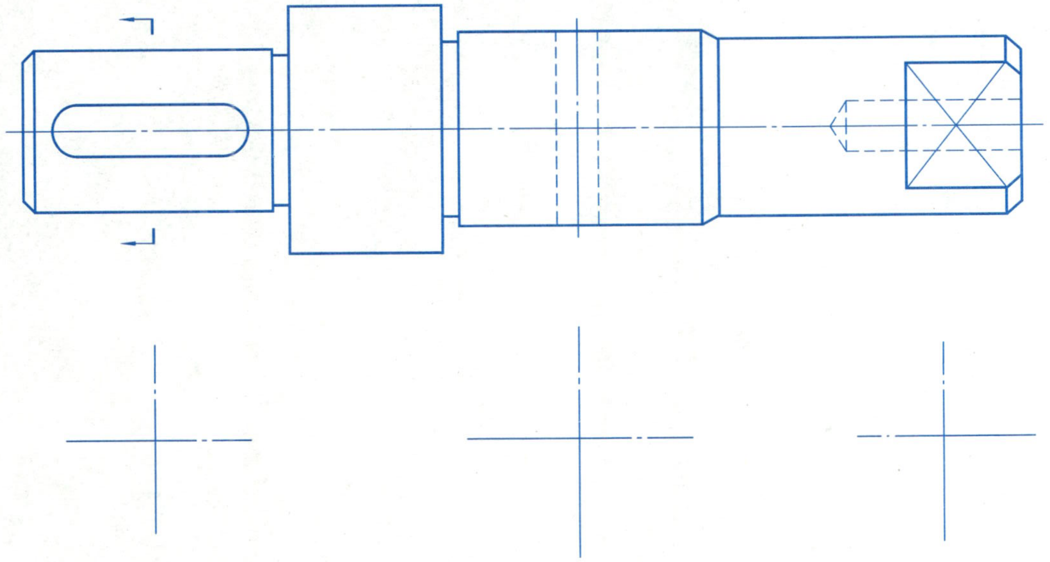

2.

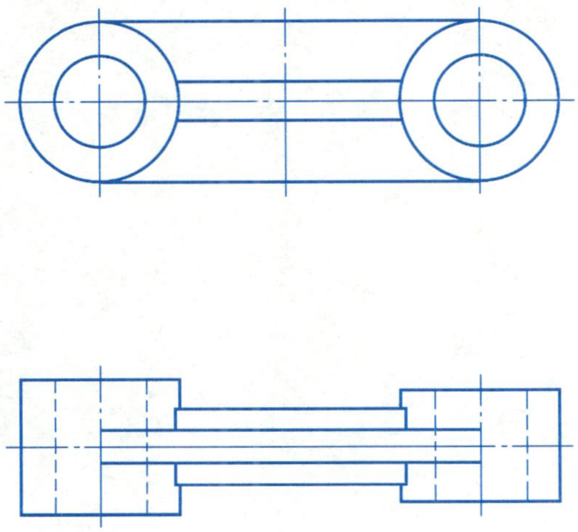

3.

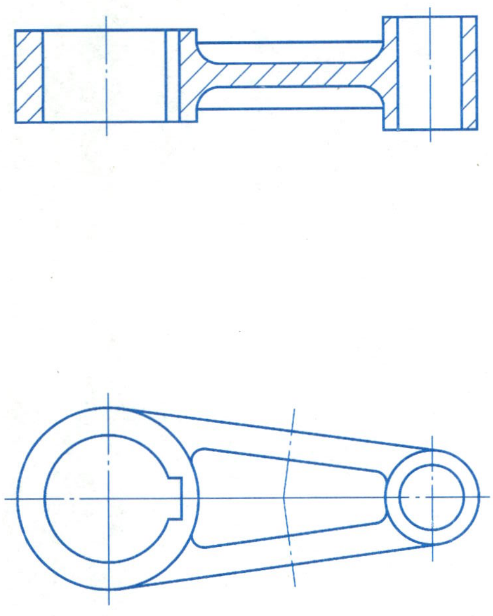

4—15 判断断面图 A—A、B—B 和 C—C 的画法是否正确

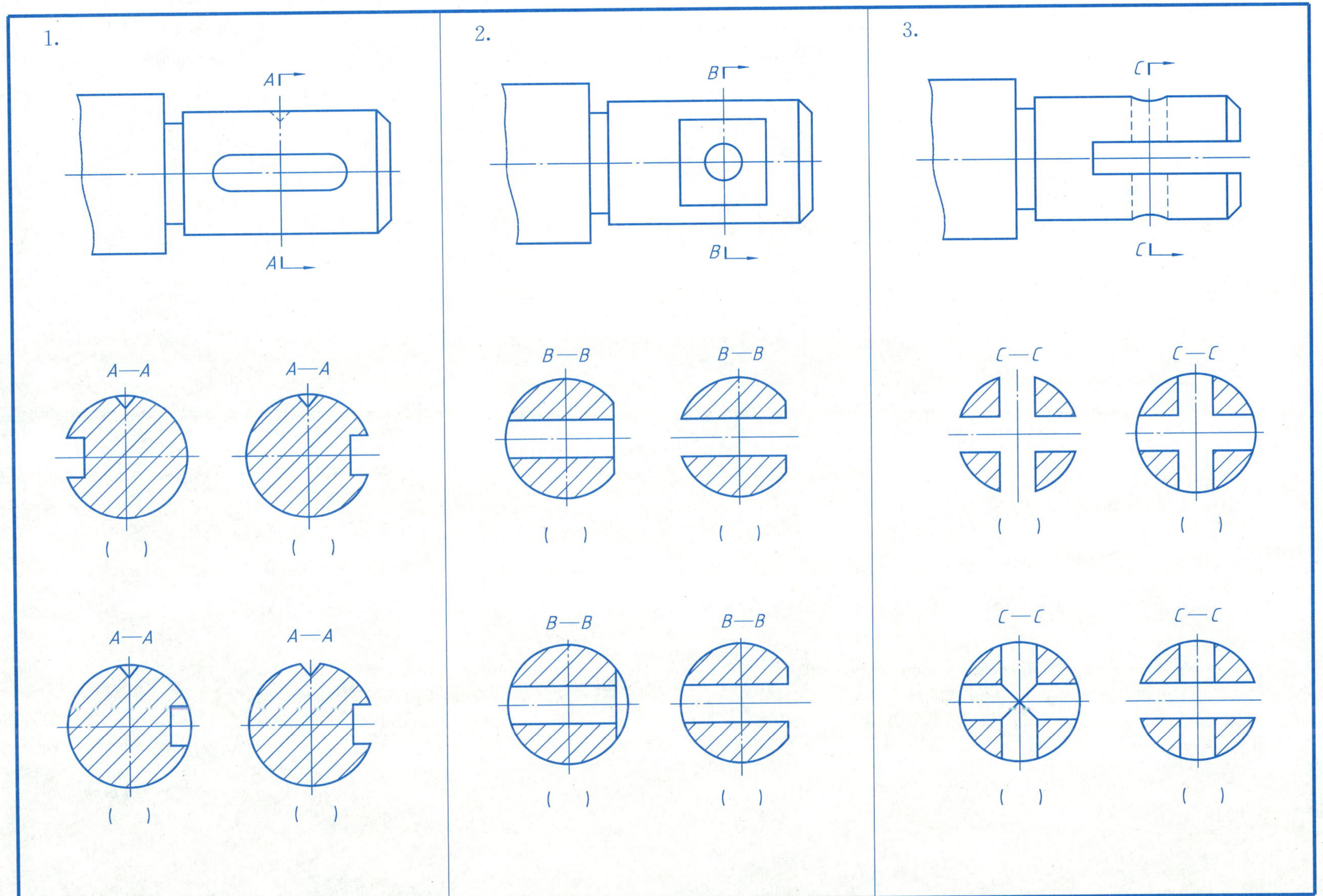

4—16 按画法规定画出正确的主视图

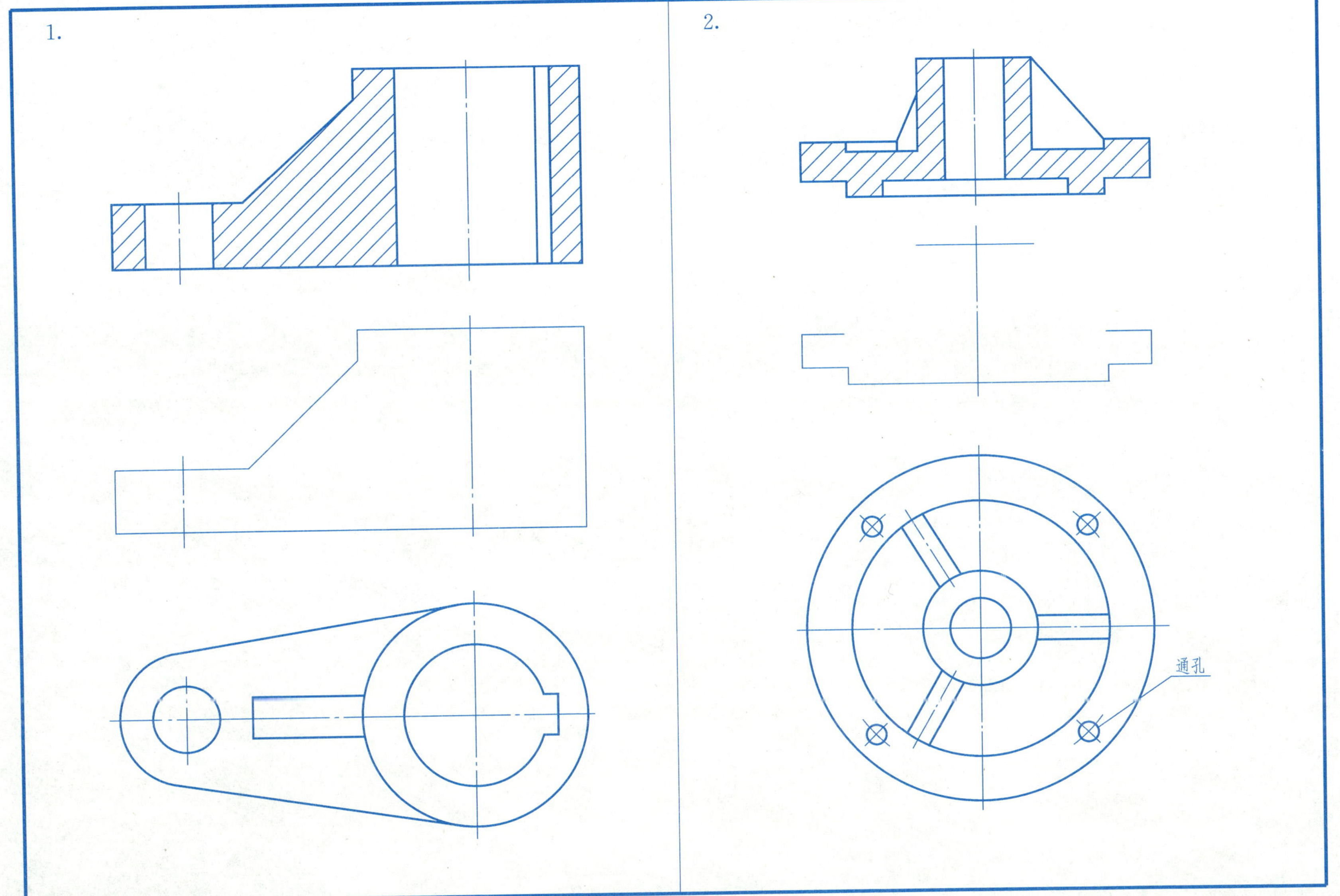

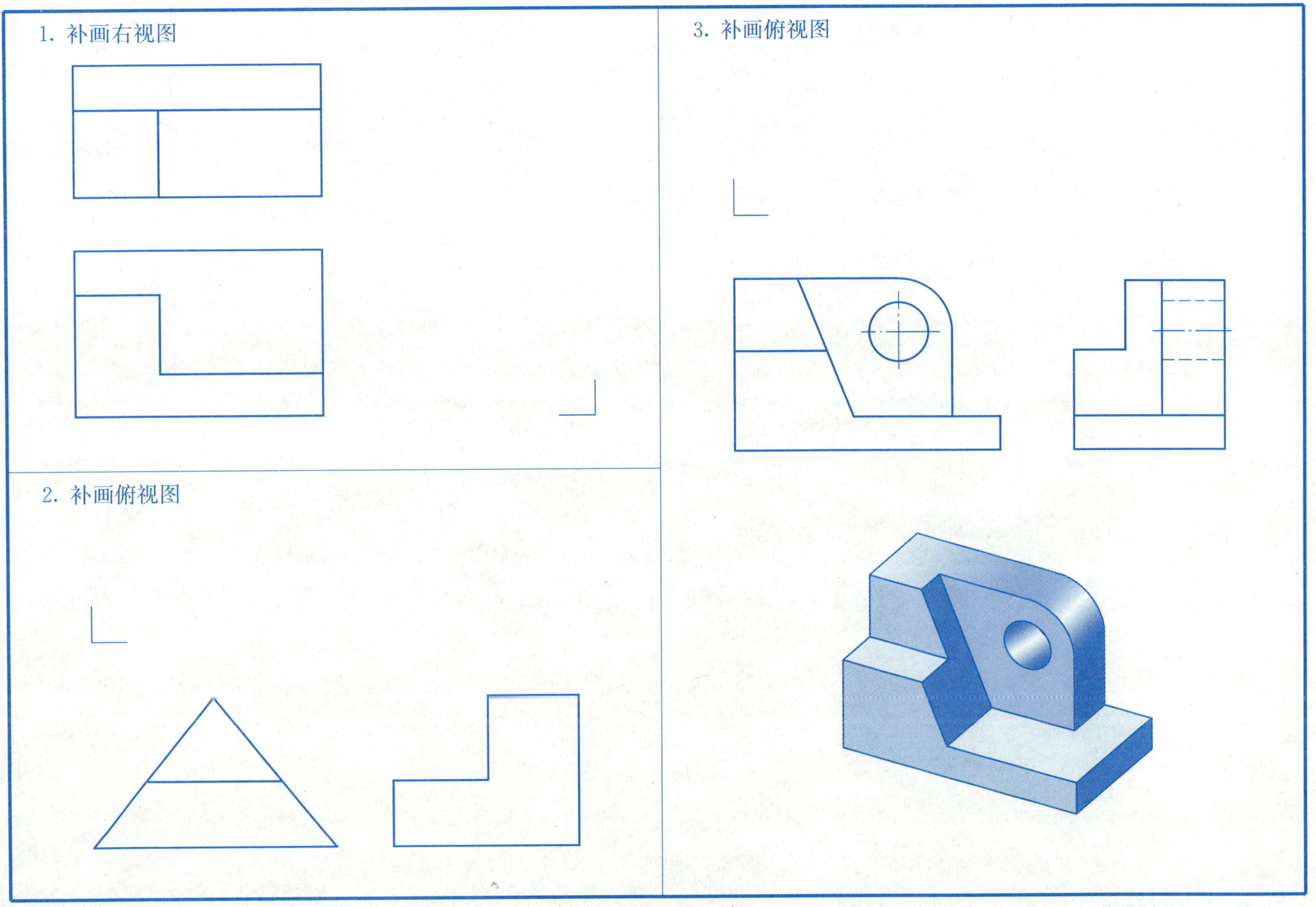
1. 补画右视图
3. 补画俯视图
2. 补画俯视图

4—18 第三角画法（二）

看懂已知第三角画法视图，在指定位置将其转化成第一角画法的三视图（可采用合理的视图或剖视图）

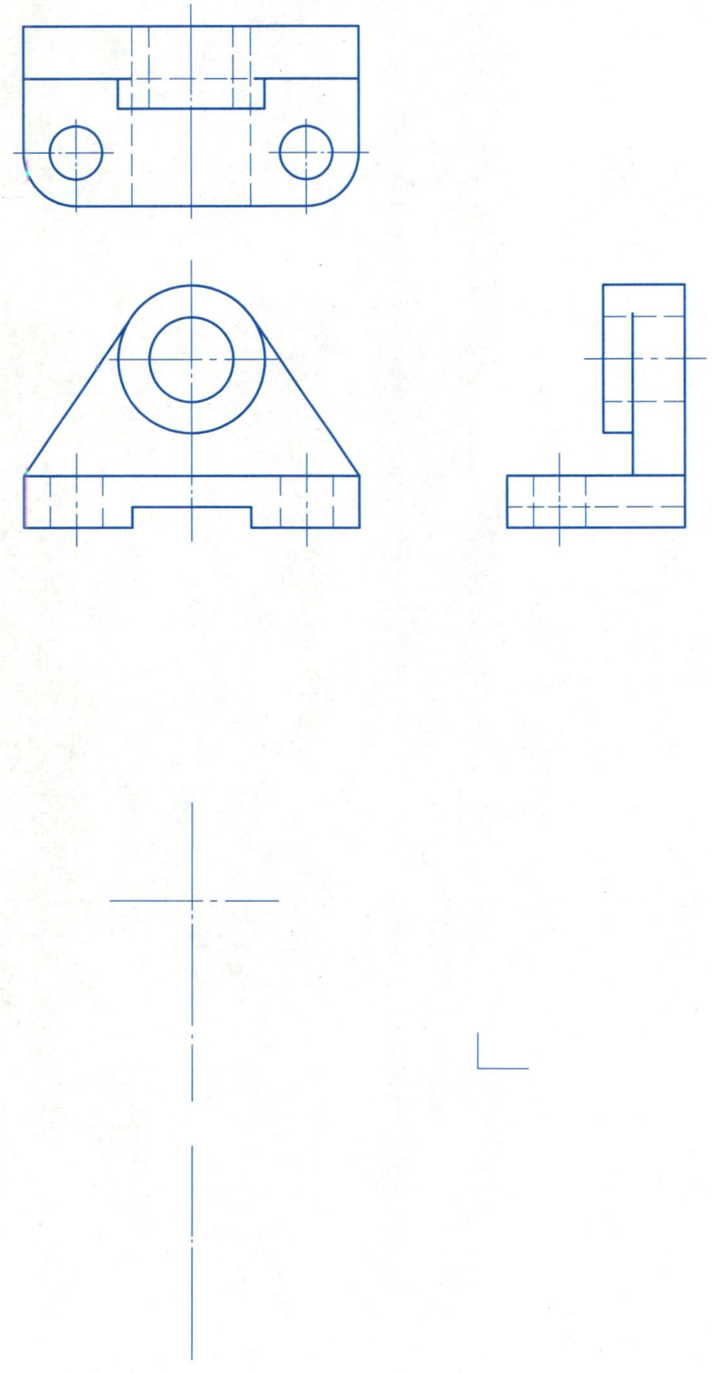

4—19　第三次作业——机件的表达

作业提示

1. 根据所给机件的视图（右图）或按专业特点由教师另选，按需要改画成剖视图、断面图或其他视图，并标注尺寸。

2. 要求：对指定的机件选择恰当的表达方案，将机件的内外形状表达清楚。

3. 图名：机件的表达。

4. 图幅：A3 图纸。比例为 1∶1。

5. 步骤及注意事项

（1）对所给视图或轴测图进行形体分析，在此基础上选择表达方案。

（2）根据规定的图幅和比例，合理布置各视图的位置。

（3）逐步画出各视图。画图时要按需要将视图改画成适当的剖视图（如有需要，还应画出断面图和其他视图），并调整各部分尺寸，完成底稿。

（4）仔细校核后用铅笔加深。

（5）图面质量与标题栏填写的要求同前面的作业。

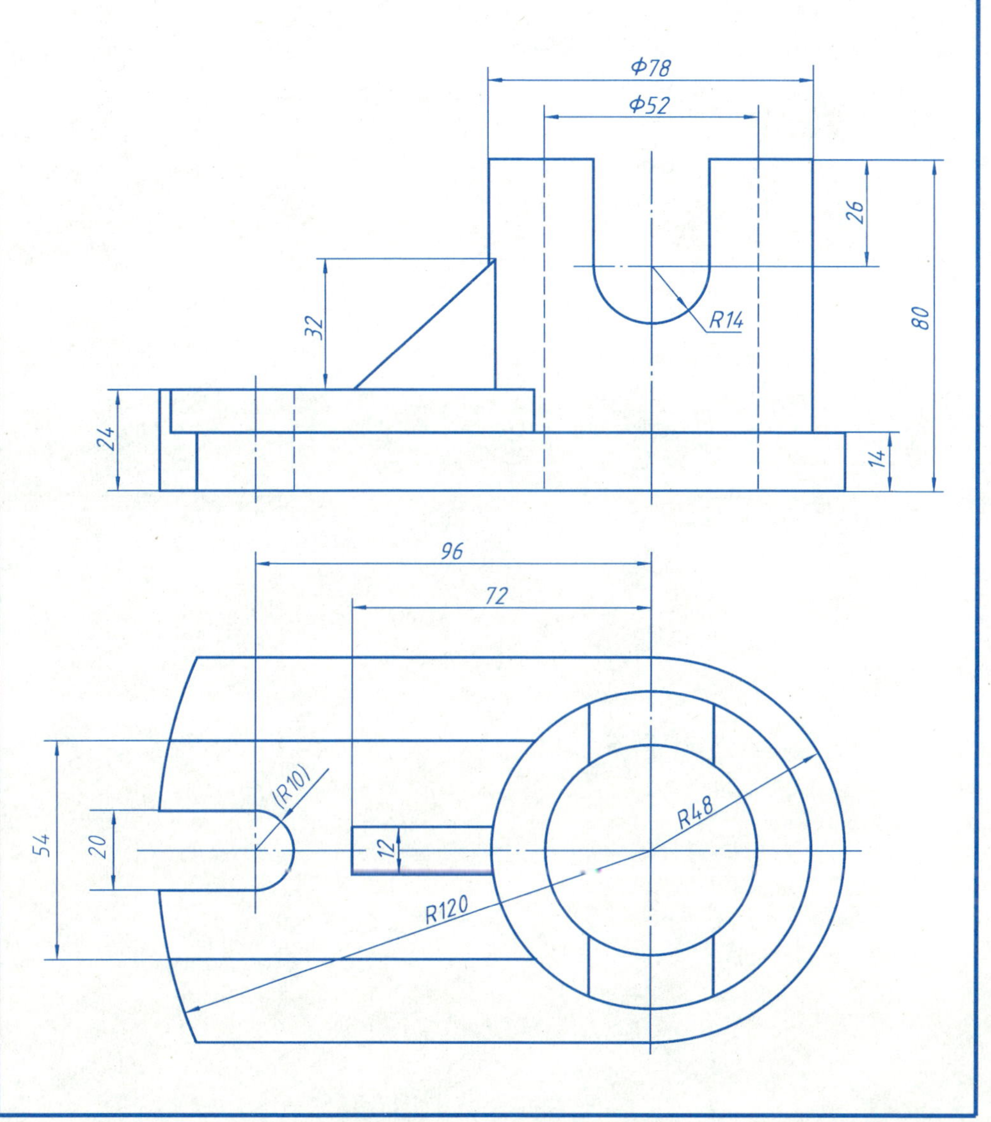

1. 填空题（每空 2 分，共 44 分）

（1）侧重于表达机件外形的视图有________、______、________和______四种。

（2）六面基本视图仍保持________、________、________三等关系。

（3）向视图是可以自由移位的________。

（4）根据剖切范围的大小，剖视图可分为________、________和__________。

（5）半剖视图中半个剖视与半个视图之间的分界线用______线。

（6）剖切平面有______剖切面、________的剖切面、________的剖切面三类。

（7）移出断面图的轮廓线用______线绘制，重合断面图的轮廓线用______线绘制。

（8）将机件的部分结构用大于原图形的比例画出的图形称为______图。

（9）第一角画法是将被表达的机件置于______与______之间进行投射，第三角画法是将投影面置于______与______之间进行投射。

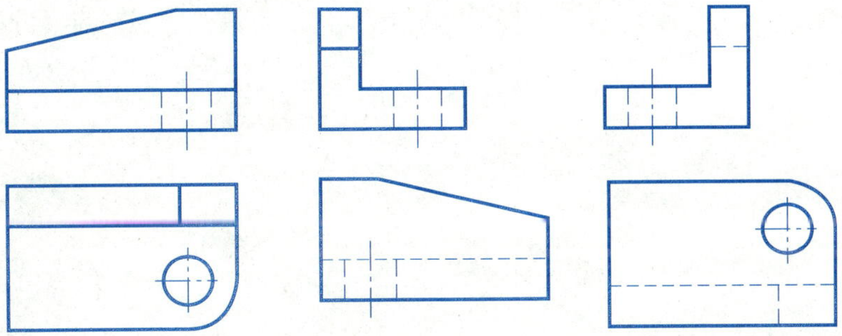

3. 补画剖视图中所缺的图线（10 分）

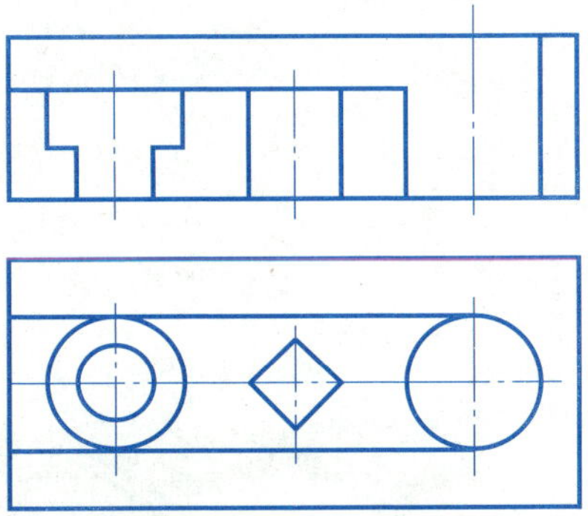

2. 看懂已知主、俯、左等 6 个视图，并注明各视图名称（6 分）

4. 根据已知部分视图，完成半剖主视图（10 分）

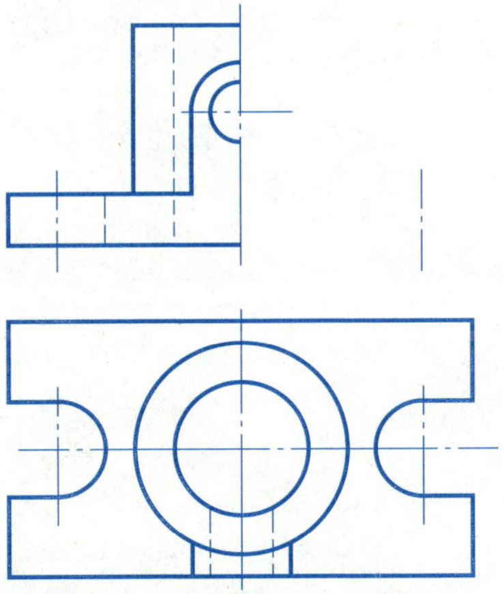

班级　　姓名　　学号

5. 根据已知视图，在指定位置将主视图改画成适当的剖视图（15 分）

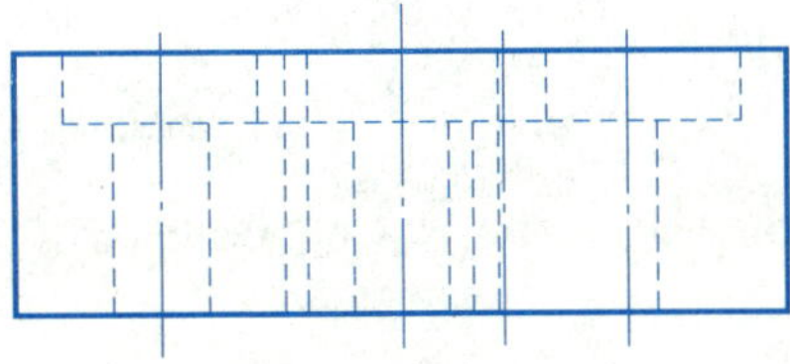

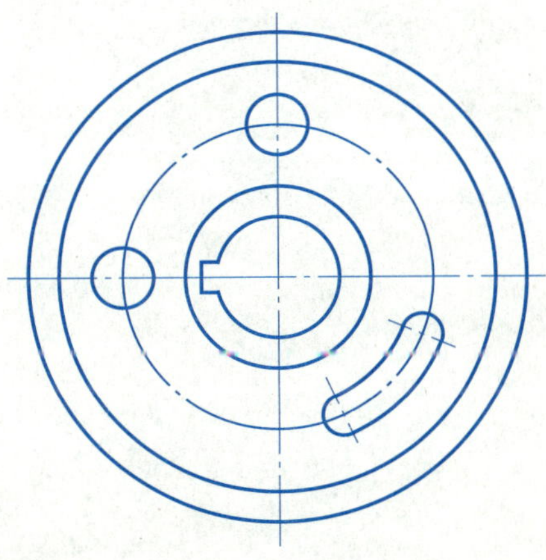

6. 根据已知视图，作出轴上键槽及定位凹坑处的移出断面图并进行标注（15 分）（提示：键槽深度为 3.5 mm）

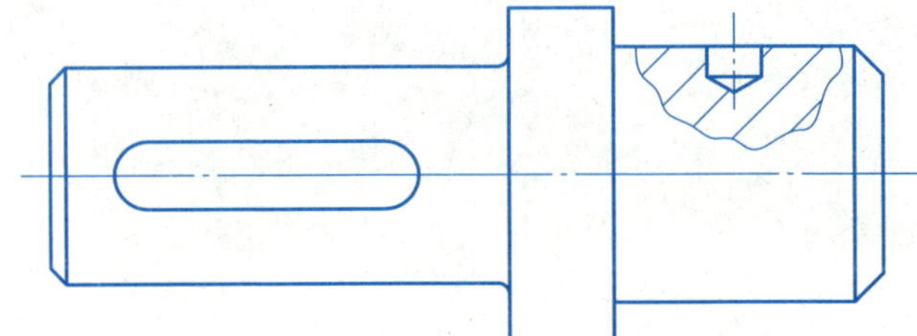

第5章 机械图样的特殊表示法

5—1 分析螺纹画法中的错误，并在指定位置画出其正确的图形

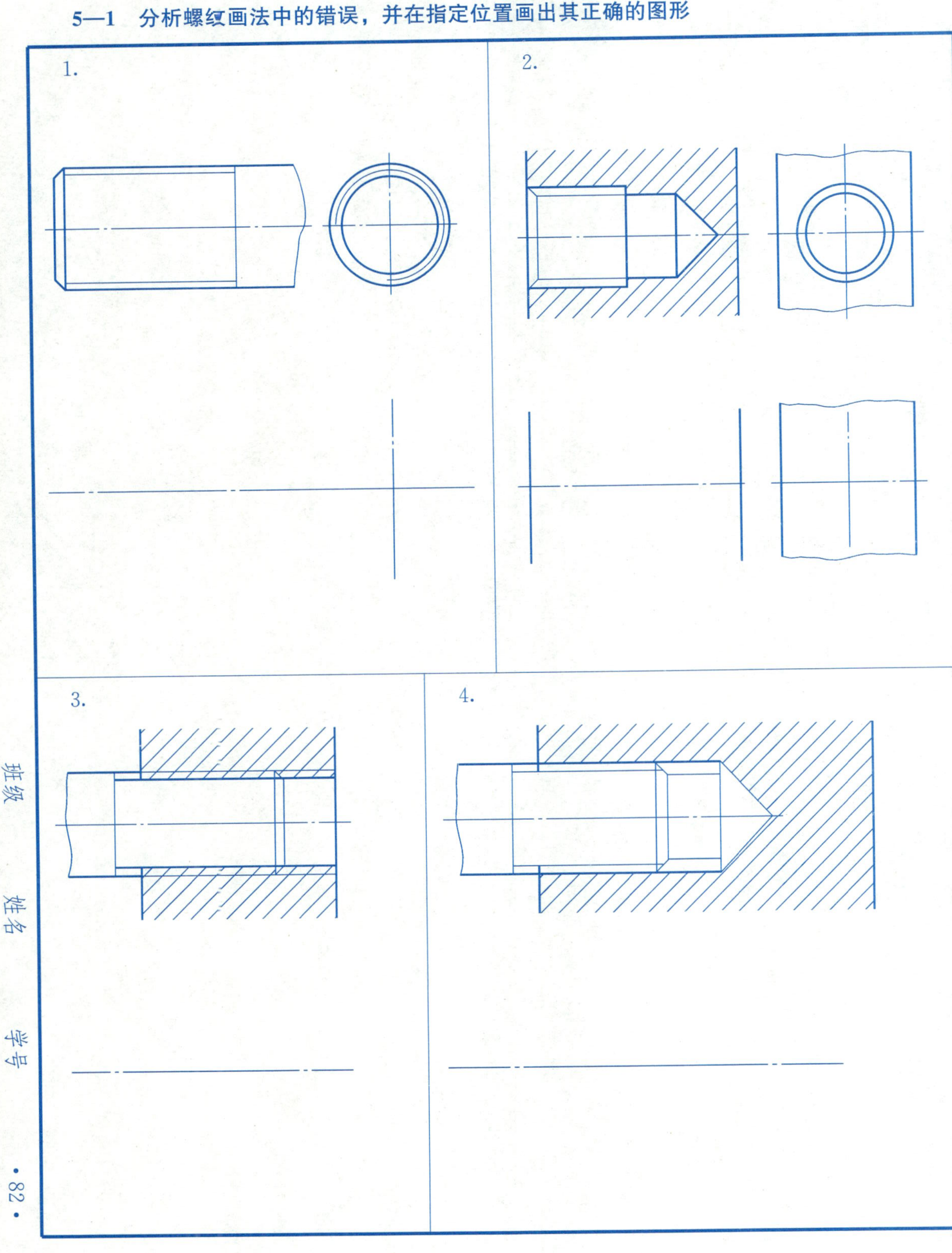

5—2 螺纹的图样标注

1. 填表说明螺纹标记的含义

(1)

螺纹标记	螺纹种类	公称直径	螺距	导程	线数	旋向	公差带代号
M20							
M16×1－5g6g－L							
M24－LH							
B32×6LH－7e							
Tr48×16(P8)－8H							

(2)

螺纹标记	螺纹种类	尺寸代号	螺距	旋向	公差等级
G1A					
$R_1$1/2					
Rc1－LH					
Rp2					

2. 根据给定的螺纹要素，在图上进行标注

(1) 粗牙普通螺纹，公称直径为 30 mm，螺距为 3.5 mm，右旋，中径公差带代号为 5g，顶径公差带代号为 6g，中等旋合长度。

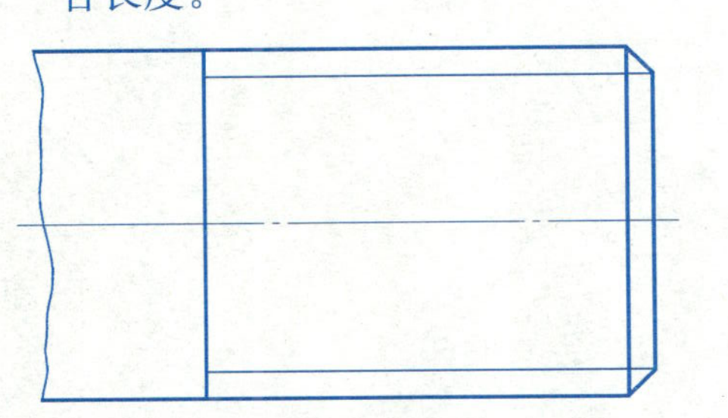

(2) 细牙普通螺纹，公称直径为 24 mm，螺距为 2 mm，左旋，中径和顶径公差带代号均为 6H，长旋合长度。

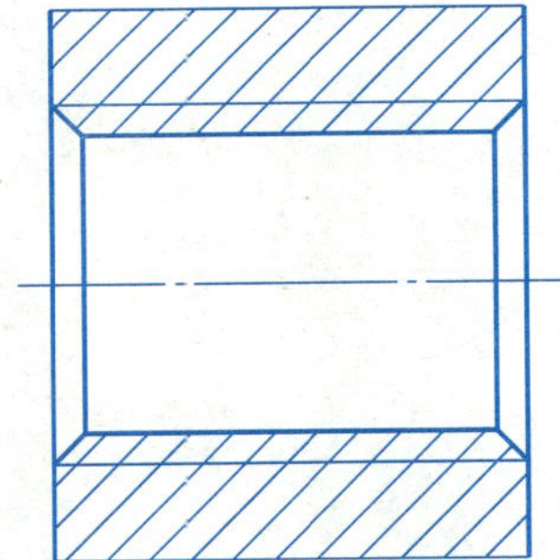

(3) 梯形螺纹，公称直径为 26 mm，螺距为 8 mm，双线，右旋，中径公差带代号为 8H，中等旋合长度。

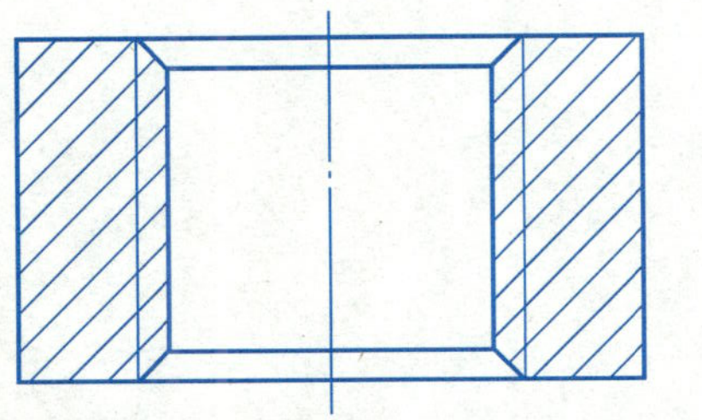

(4) 55°非密封管螺纹，尺寸代号为 3/4，公差等级为 B 级，左旋。

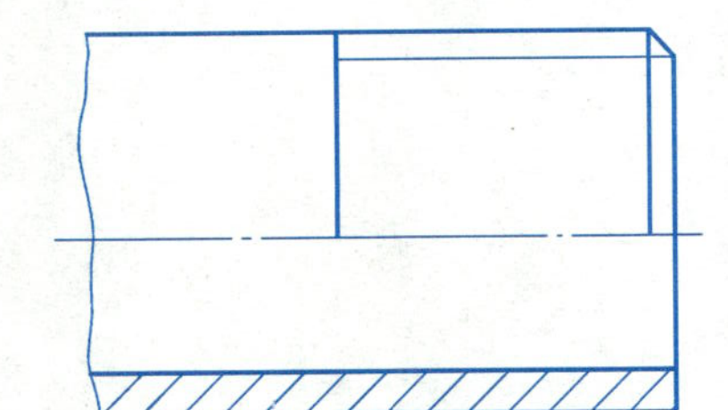

1. 查表确定下列螺纹紧固件尺寸，并写出其标记

（1）A 级六角头螺栓（GB/T 5782—2016）

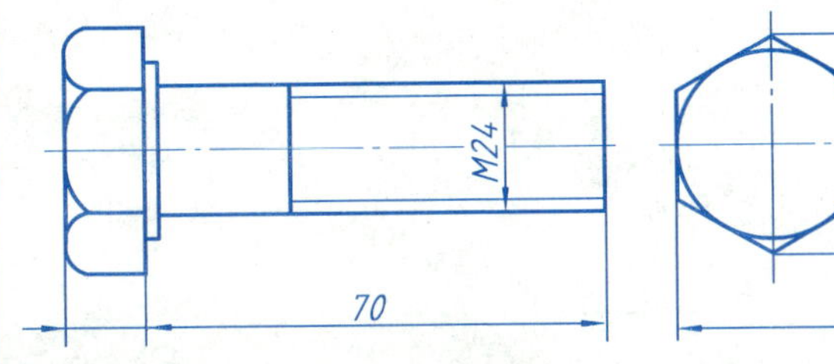

标记______________________

（2）螺母（GB/T 6170—2015）

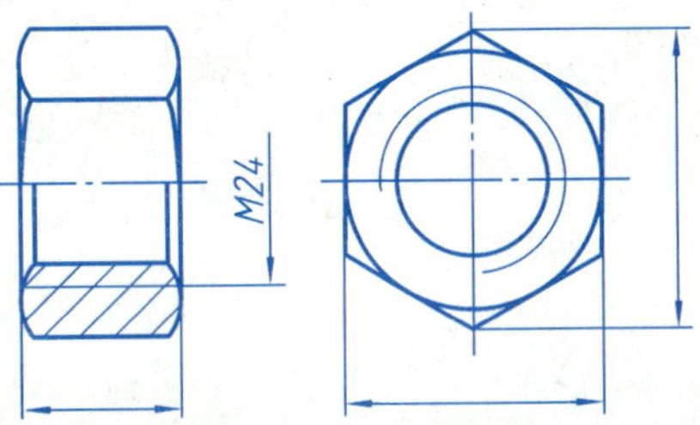

标记______________________

（3）双头螺柱（GB/T 897—1988）

M24

50

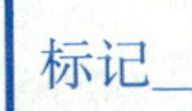

标记______________________

（4）垫圈（GB/T 97.1—2002，公称尺寸 14 mm）

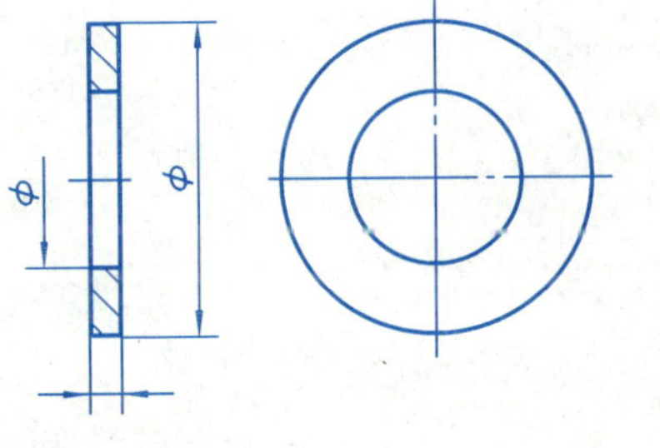

标记______________________

2. 补全螺钉连接图中所缺的图线（螺钉 GB/T 68　M10×40）

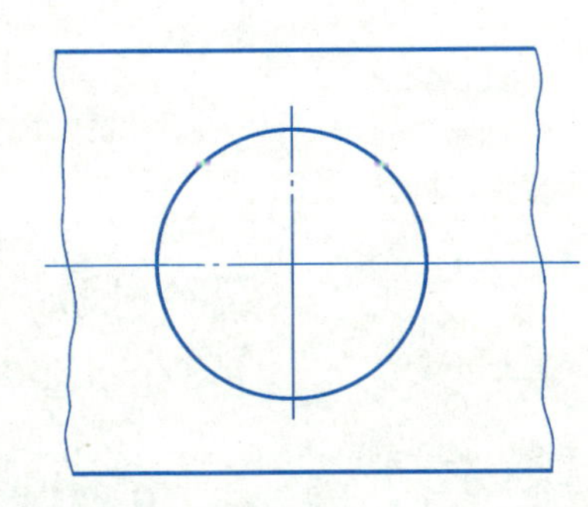

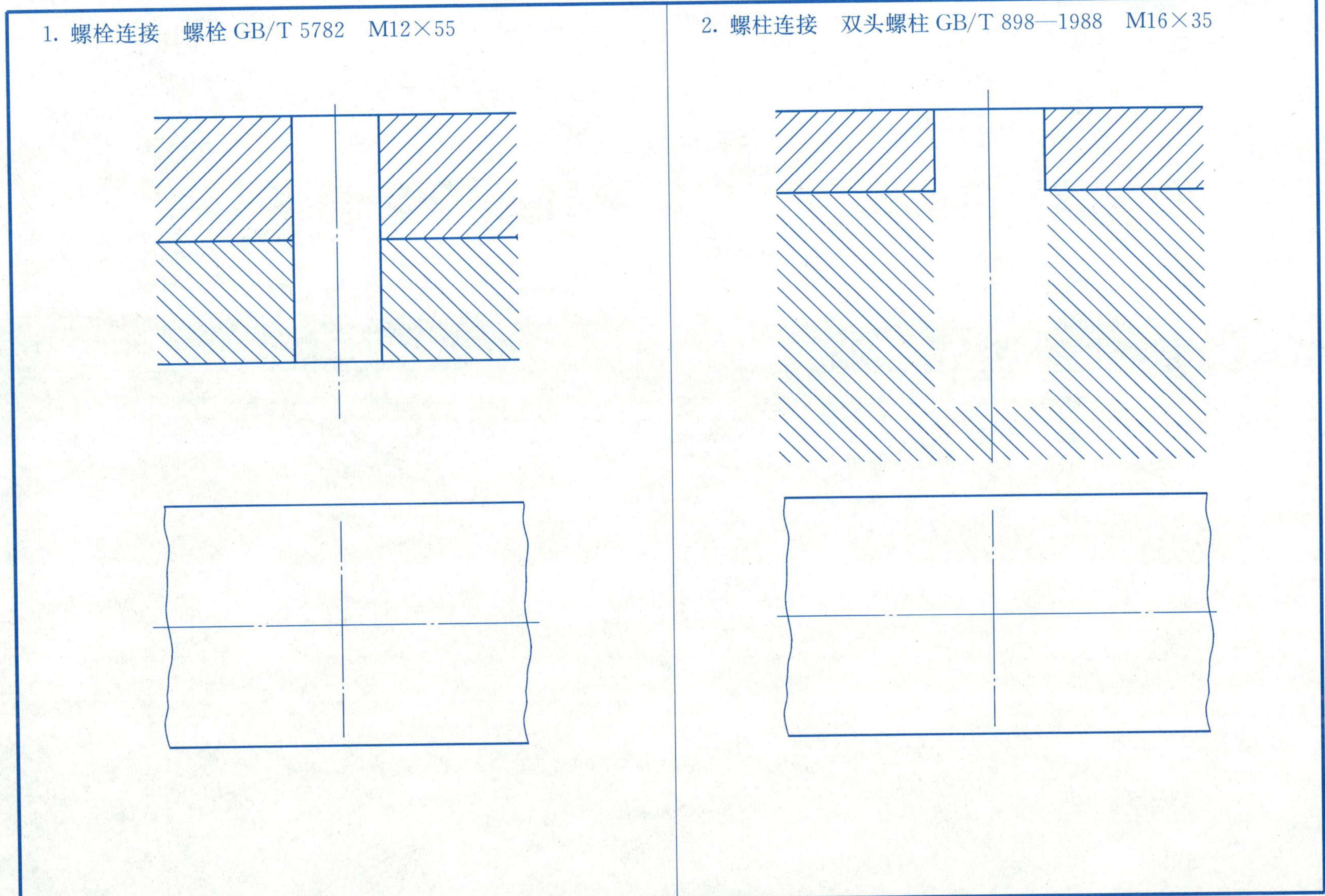
1. 螺栓连接　螺栓 GB/T 5782　M12×55
2. 螺柱连接　双头螺柱 GB/T 898—1988　M16×35

5—5　齿轮画法（一）

已知直齿圆柱齿轮 $m=5$ mm，$z=40$，计算该齿轮的分度圆、齿顶圆和齿根圆直径。用 1∶2 的比例完成下列两视图，并标注尺寸（倒角为 $C2$ mm）

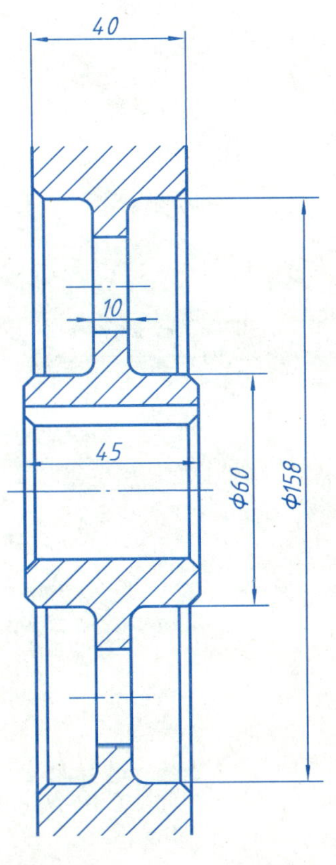

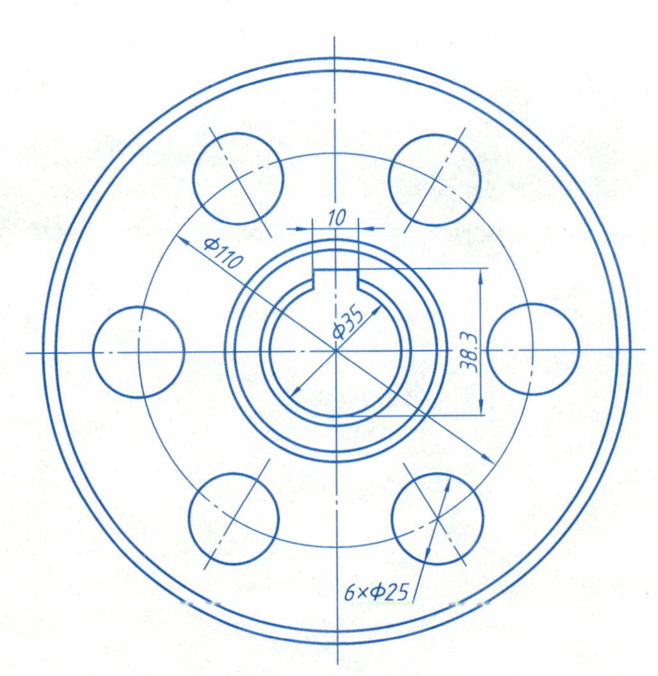

5—6　齿轮画法（二）

已知两啮合齿轮的模数 $m=4$ mm，大齿轮齿数 $z_2=38$，两齿轮的中心距 $a=130$ mm，试计算大、小两齿轮分度圆、齿顶圆及齿根圆的直径，用 1∶2 的比例完成直齿圆柱齿轮的啮合图

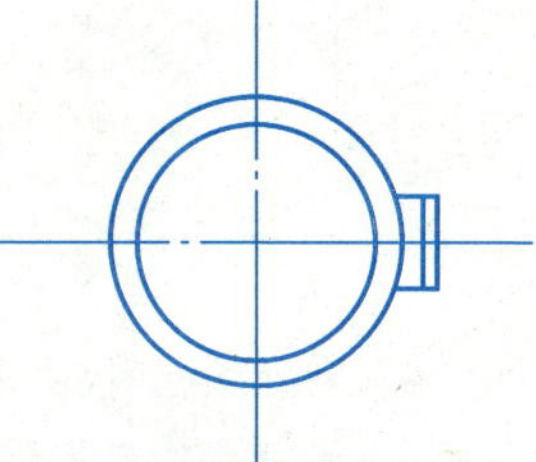

小齿轮

分度圆 $d_1=$________，

齿顶圆 $d_{a1}=$________，

齿根圆 $d_{f1}=$________。

大齿轮

分度圆 $d_2=$________，

齿顶圆 $d_{a2}=$________，

齿根圆 $d_{f2}=$________。

传动比 $i=$________。

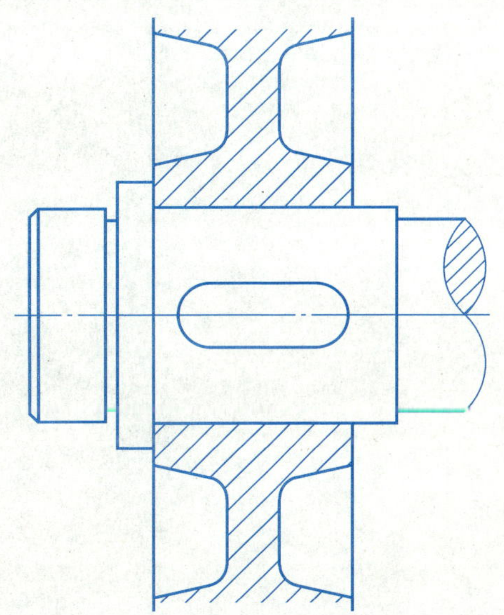

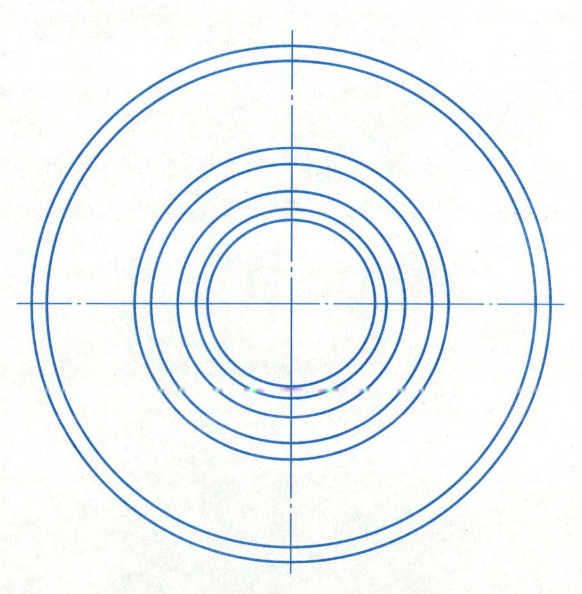

5—7 键连接

已知齿轮和轴用 A 型普通平键连接，孔直径为 20 mm，键的长度为 16 mm

（1）写出键的规定标记。

（2）画全下列各视图和断面图，并查表标注键槽的尺寸。

键的规定标记________________

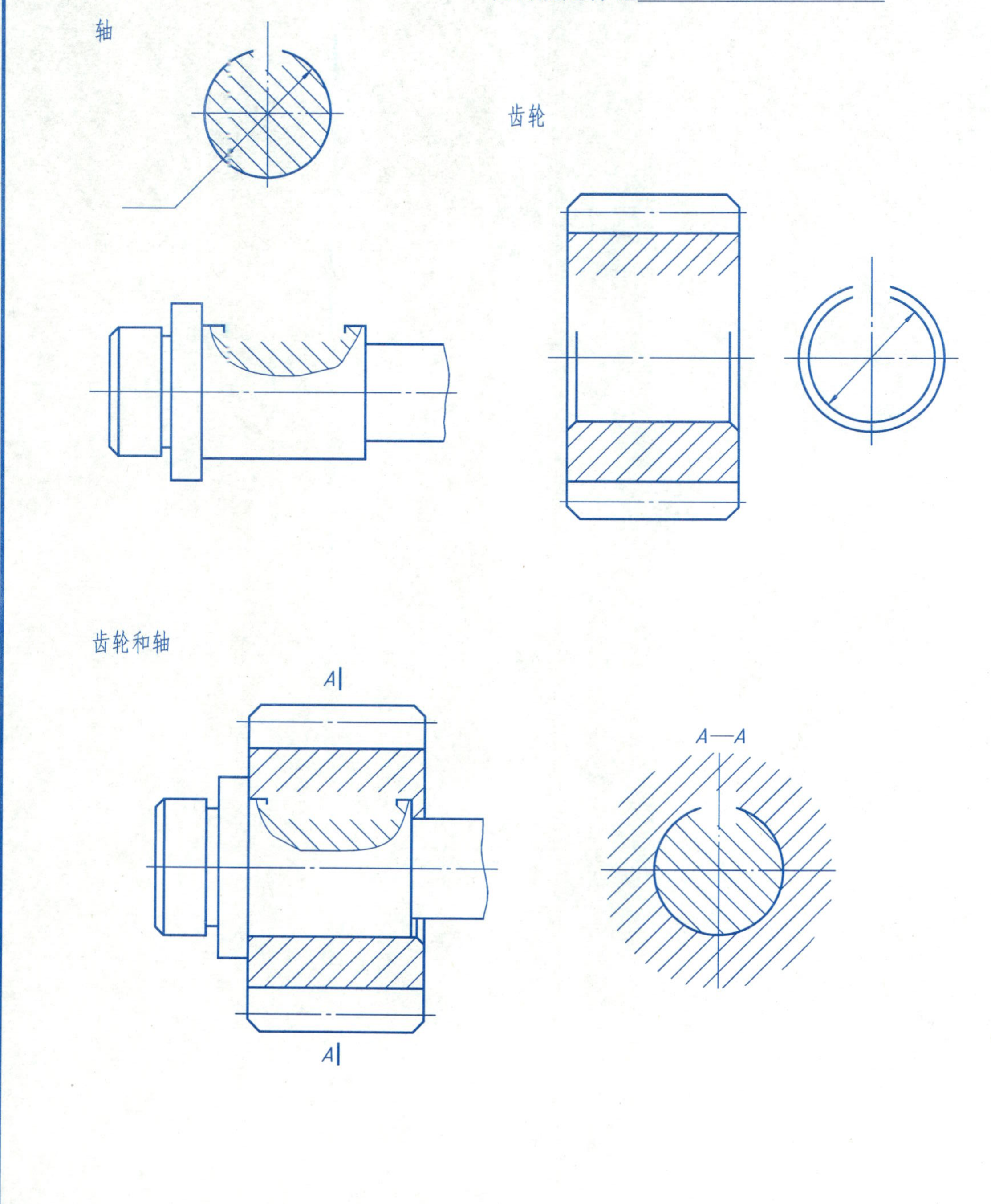

5—8 第四次作业——轴系装配图

作业提示

根据轴测图（上图）和所示轴（下图），按 1∶1 的比例将轴系装配图画在 A3 图纸上。绘图尺寸除已给出外，可从有关标准中查得，装配图上不注尺寸。

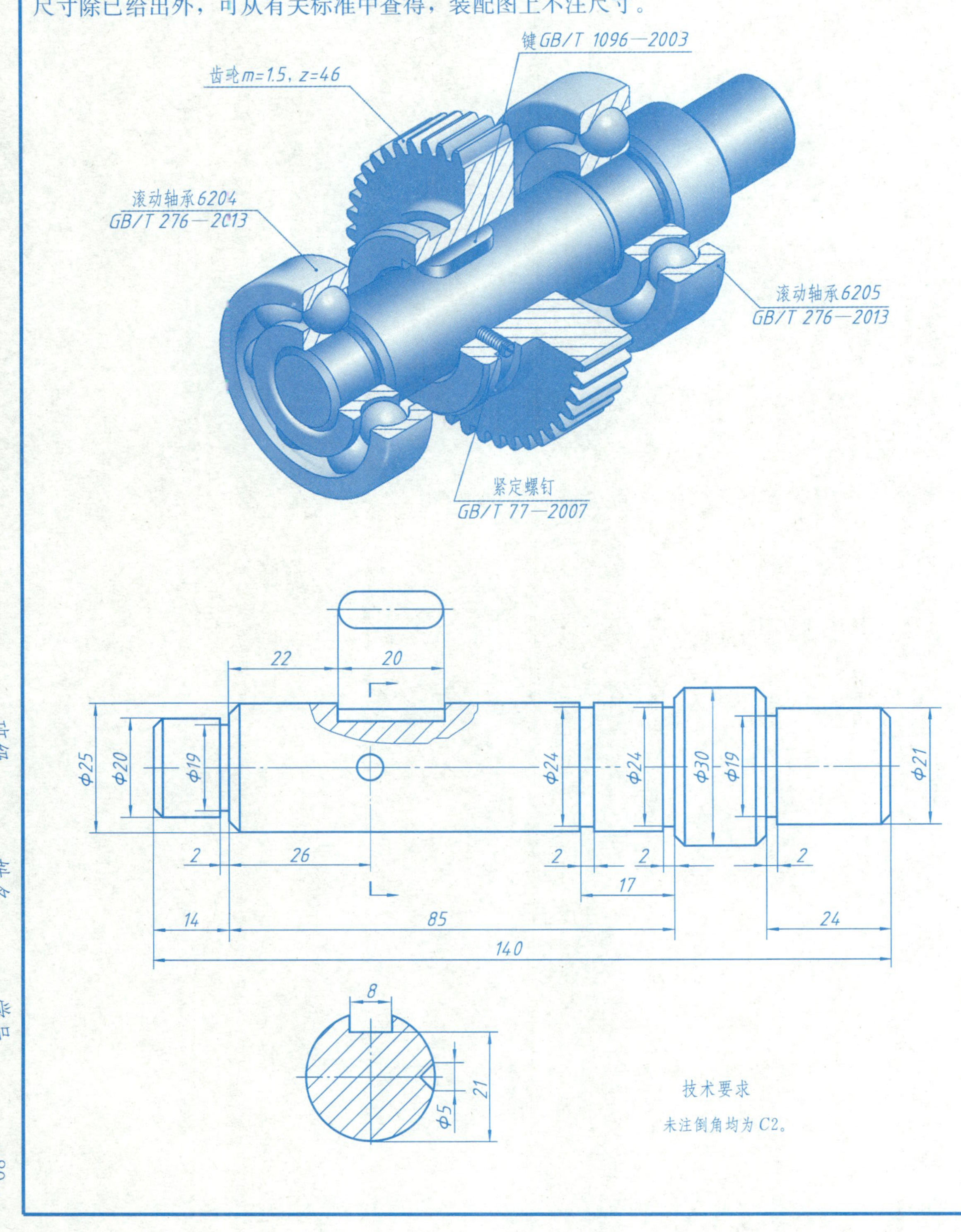

1. 填空题（每空 2 分，共 30 分）

（1）螺纹要素包括________、________、________、________、________五项。

（2）按规定画法绘制螺纹时，若螺纹大径为 d，则小径应按________ d 绘制。

（3）不同螺孔圆锥面尖端的锥角应画成________。

（4）在剖视图中，内、外螺纹的旋合部分应按________的画法绘制。

（5）常用的三种螺纹紧固件是________连接、________连接和________连接。

（6）国家标准对齿轮轮齿的规定画法如下：齿顶圆及齿顶线用______线绘制，分度圆及分度线用______线绘制，齿根圆及齿根线用______线绘制。

（7）在装配图中，键被剖切面纵向剖切，键按______绘制。

2. 解释螺纹标记的含义（20 分）

螺纹标记	螺纹种类	大径	导程	螺距	线数	旋向	公差带代号
M20—6H—LH							
M20×1.5—6g7g							
Tr40×14（P7）—8e							

3. 平板型直齿圆柱齿轮 $m=3$ mm，$z=20$，

要求：（25 分）

（1）计算：

齿顶圆直径

分度圆直径

齿根圆直径

（2）按 1：2 的比例补全两个视图。

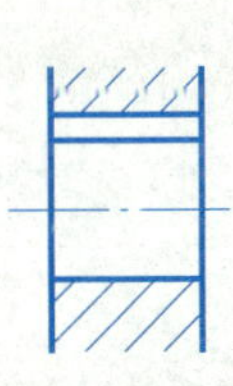

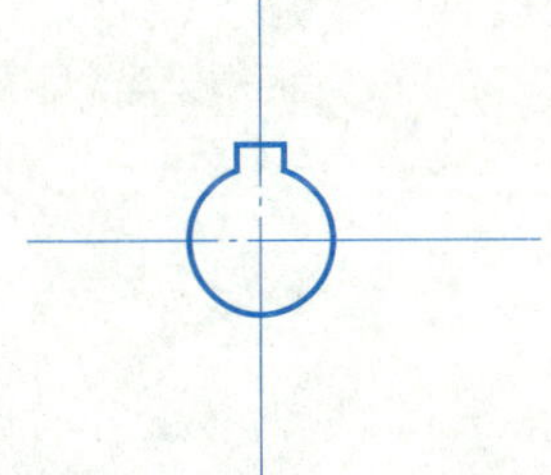

4. 补全双头螺柱连接图中所缺的图线（25 分）

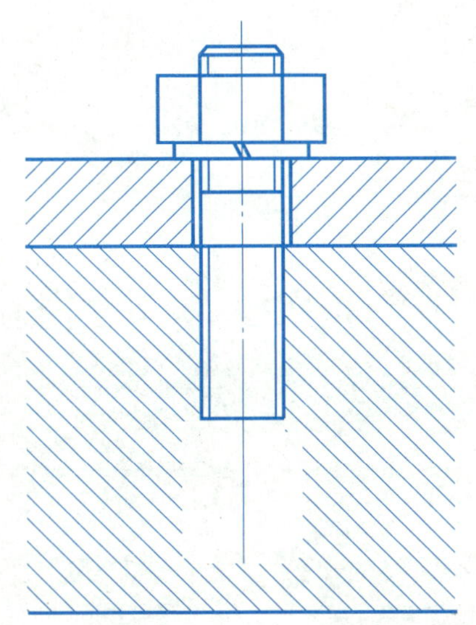

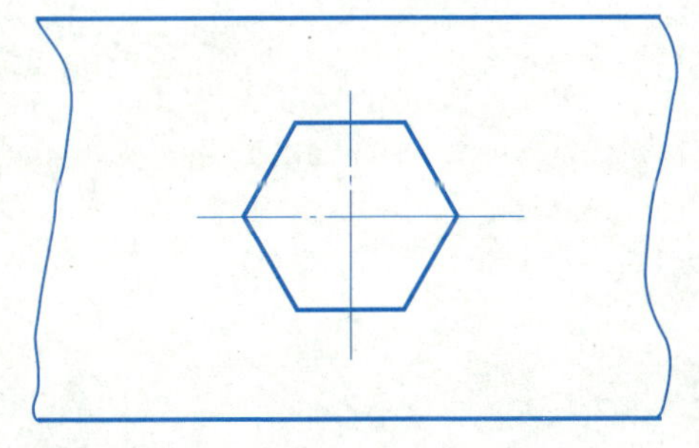

第 6 章　零件图

6—1　根据轴测图选择合适的方案表达零件（徒手，任选一标注尺寸，数值从图中量取，取整数）

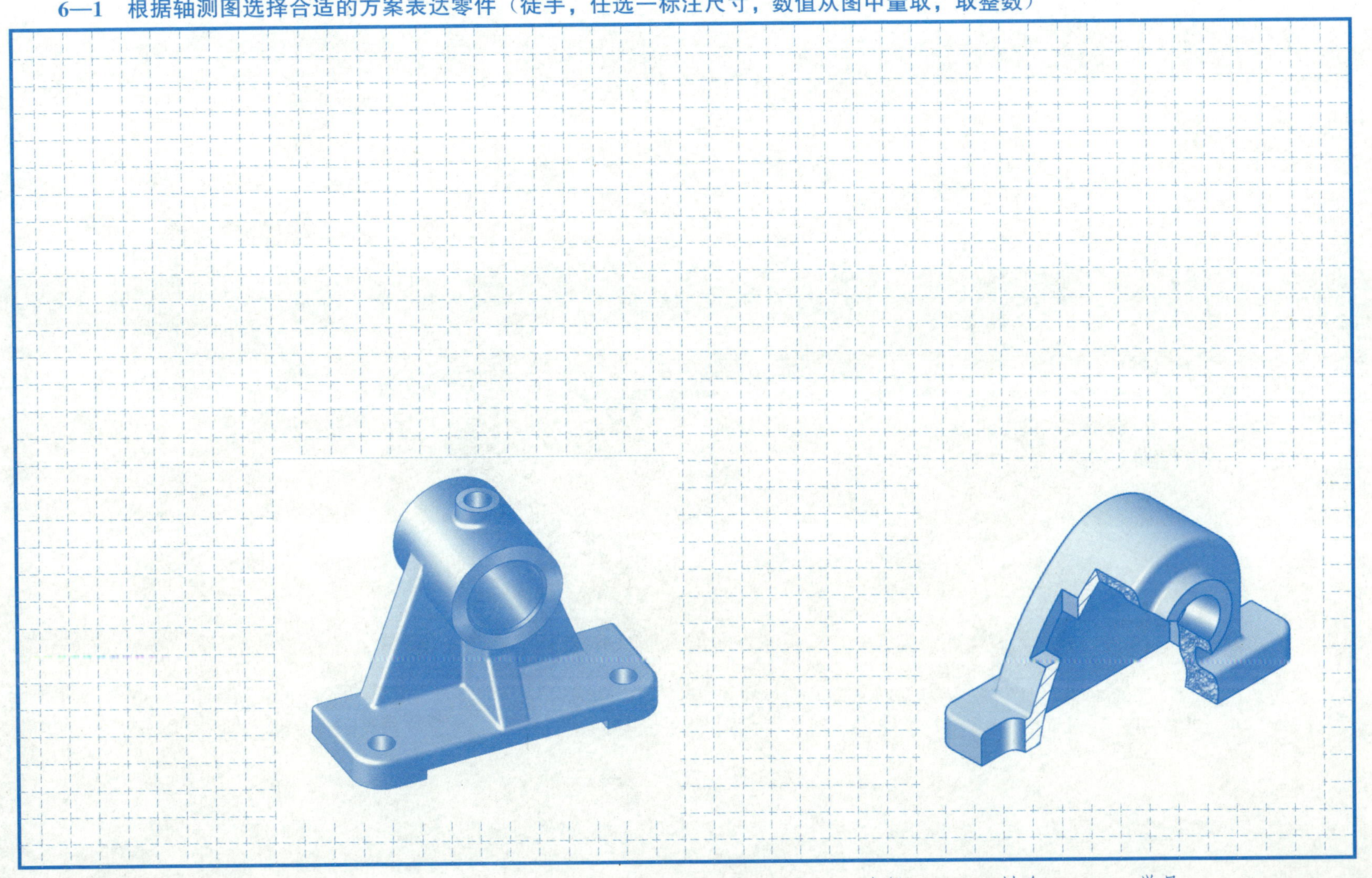

6—2 在零件图上标注尺寸

1. 用符号▲指出轴（右端螺纹 M20—5g6g）长度方向主要尺寸基准，并标注尺寸，数值从图中量取（取整数），比例为 1∶1

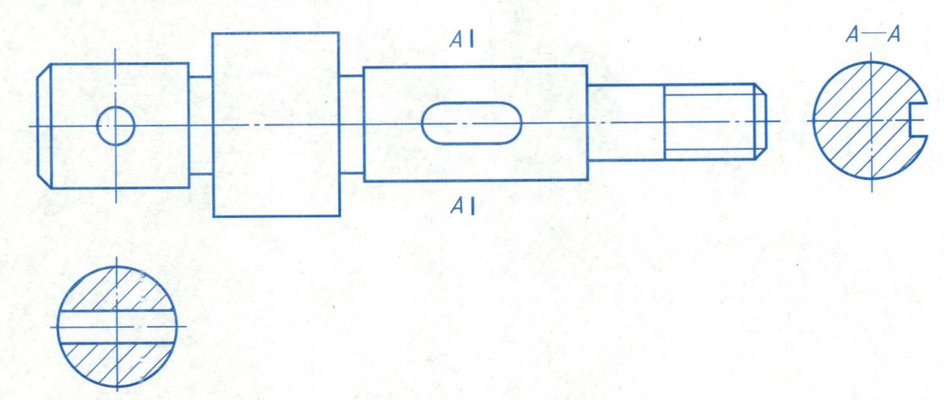

2. 用符号▲指出踏脚座长、宽、高三个方向的主要尺寸基准，注全尺寸，数值从图中量取（取整数），比例为 1∶2

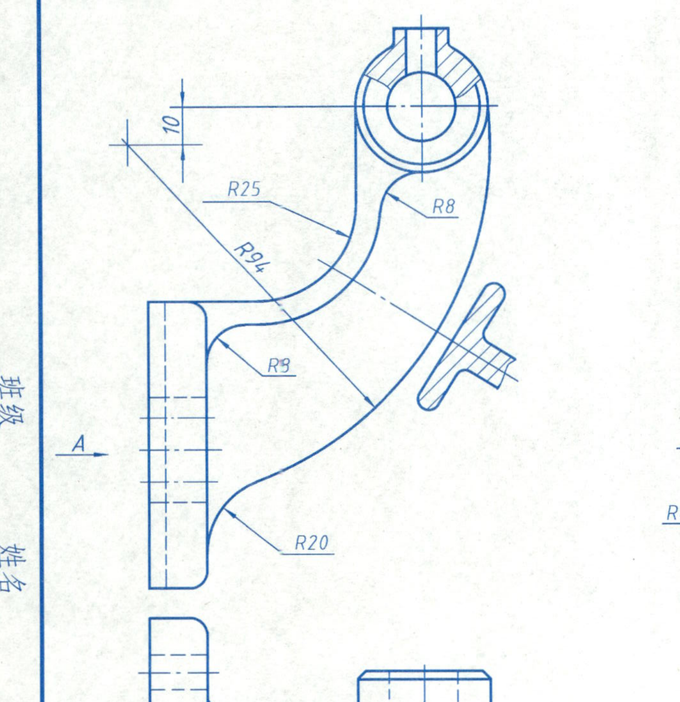

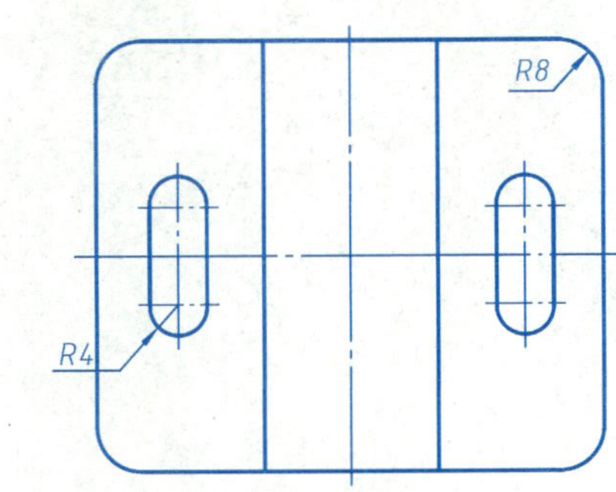

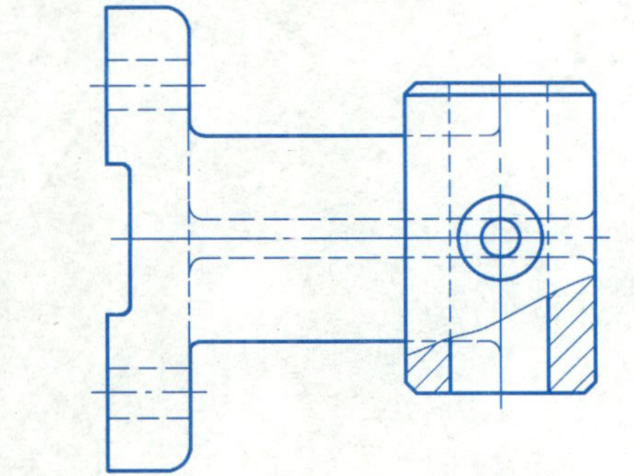

6—3 按给定要求在图形上标注表面粗糙度

1. 分析上图表面粗糙度标注的错误，在下图中正确标注

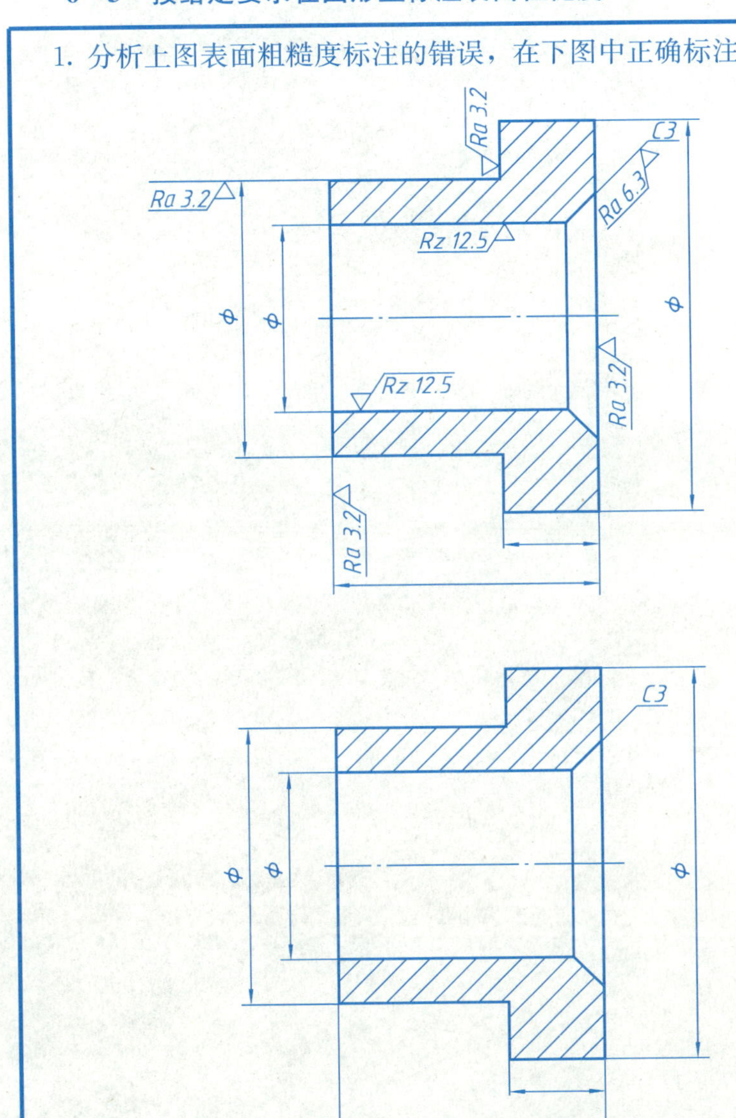

2. 按要求标注零件的表面粗糙度代号

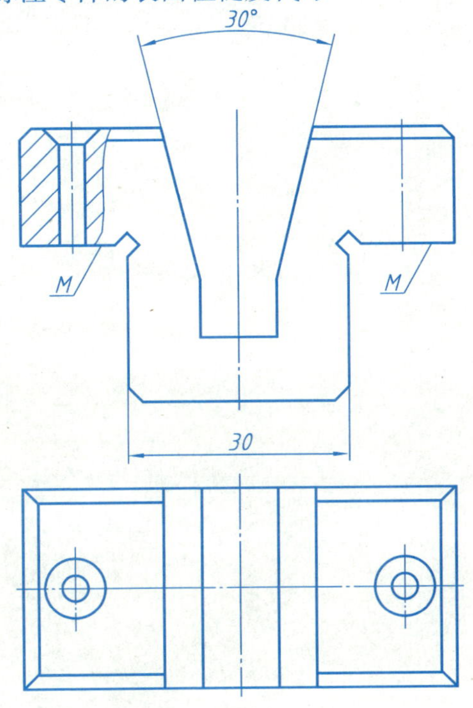

(1) 倾角成30°的两斜面的表面粗糙度为 $Ra6.3$ μm。

(2) 顶面、长度 30 mm 的左、右两侧面的表面粗糙度为 $Ra1.6$ μm。

(3) 两个 M 面表面粗糙度为 $Ra3.2$ μm。

(4) 其余表面的表面粗糙度为 $Ra25$ μm。

上述表面粗糙度要求均为去除材料的工艺方法，单向上限值，默认传输带，R 轮廓，评定长度为 5 个取样长度（默认），按16%规则评定。

1. 根据配合代号及孔、轴的上、下极限偏差，判别配合制和类别，并辨认其公差带图（在括号内填上相应的编号）

(1)	(2)	(3)	(4)	(5)
$\phi30\dfrac{H10}{d9}$	$\phi30\dfrac{G7}{h6}$	$\phi30\dfrac{H7}{m6}$	$\phi30\dfrac{P7}{h6}$	$\phi30\dfrac{H7}{t6}$
$\phi30H10\ (^{+0.084}_{0})$	$\phi30G7\ (^{+0.028}_{+0.007})$	$\phi30H7\ (^{+0.021}_{0})$	$\phi30P7\ (^{-0.014}_{-0.035})$	$\phi30H7\ (^{+0.021}_{0})$
$\phi30d9\ (^{-0.065}_{-0.117})$	$\phi30h6\ (^{0}_{-0.013})$	$\phi30m6\ (^{+0.021}_{+0.008})$	$\phi30h6\ (^{0}_{-0.013})$	$\phi30t6\ (^{+0.054}_{+0.041})$
______制______配合	______制______配合	______制______配合	______制______配合	______制______配合
 ( )	 ( )	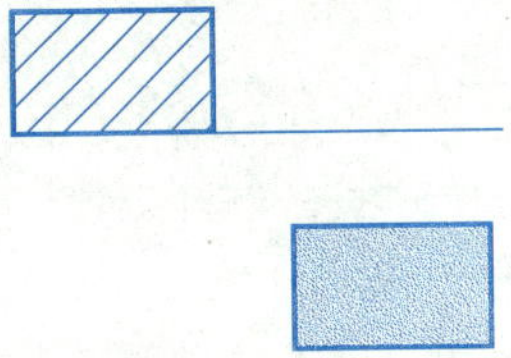 ( )	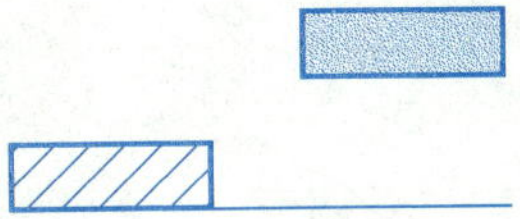 ( )	 ( )

2. 根据下列图形，分别标注孔、轴的公称尺寸，查表注写上、下极限偏差，并回答问题

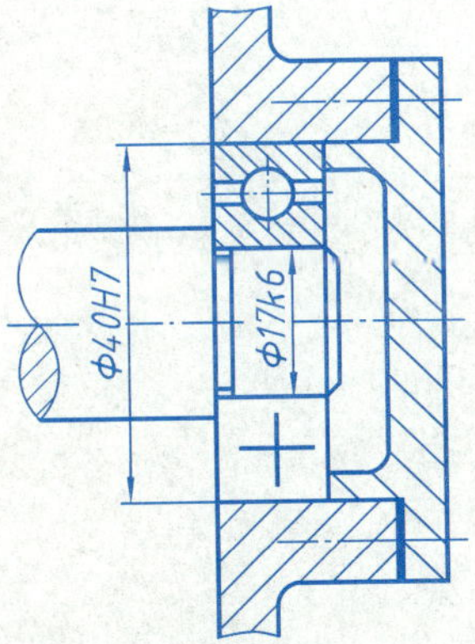

φ40H7　φ17k6

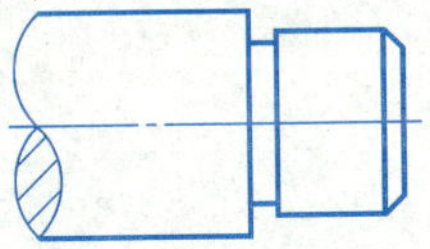

(1) 滚动轴承与零件孔的配合为________制。

(2) 零件孔的基本偏差代号为________。

(3) 滚动轴承与轴的配合为________制。

(4) 轴的基本偏差代号为________。

班级　　　　姓名　　　　学号

6—5 极限与配合基本知识练习（二）

1. 改错，将正确注法写在横线上

(1) $\phi 40_{-0.05}$ ________

(2) $\phi 50\left(\begin{smallmatrix}-0.31\\-0.7\end{smallmatrix}\right)$ ________

(3) $\phi 30_{\pm 0.008}$ ________

(4) $\phi 30_{0}^{+0.021}$ (H7) ________

2. 查表，将极限偏差数值（单位：mm）填入公差带后的括号内

(1) ϕ30H8 (　　)

(2) ϕ60JS7 (　　)

(3) ϕ25m6 (　　)

(4) ϕ40f7 (　　)

3. 查表，将公差带代号写在基本尺寸之后

孔 $\phi 70$ (±0.015)

孔 $\phi 20$ $\left(\begin{smallmatrix}+0.006\\-0.015\end{smallmatrix}\right)$

轴 $\phi 30$ $\left(\begin{smallmatrix}-0.020\\-0.041\end{smallmatrix}\right)$

轴 $\phi 35$ $\left(\begin{smallmatrix}+0.018\\+0.002\end{smallmatrix}\right)$

4. 将 $\phi 30H7\left(\begin{smallmatrix}+0.021\\0\end{smallmatrix}\right)$、$\phi 30f7\left(\begin{smallmatrix}-0.020\\-0.041\end{smallmatrix}\right)$ 标注在下列相应的零件图上，并填空

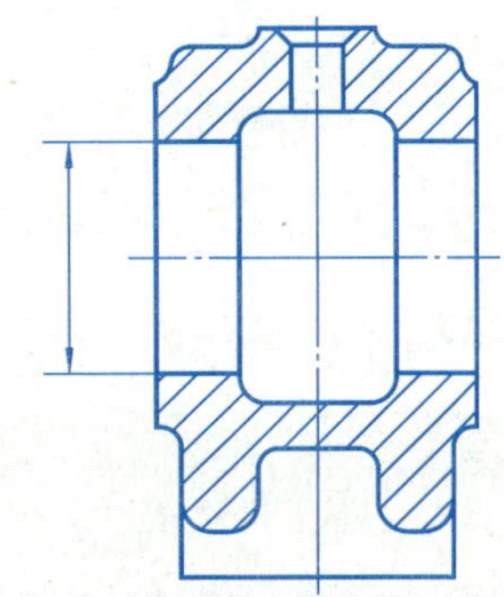

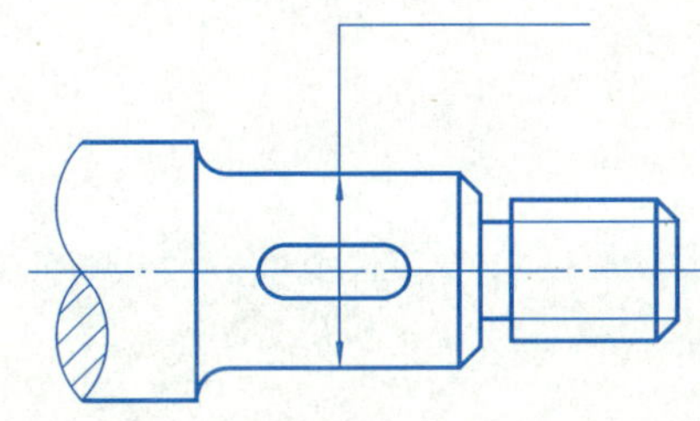

该轴、孔是______制______配合。

5. 根据零件图的标注，在装配图上注出配合代号，并回答问题

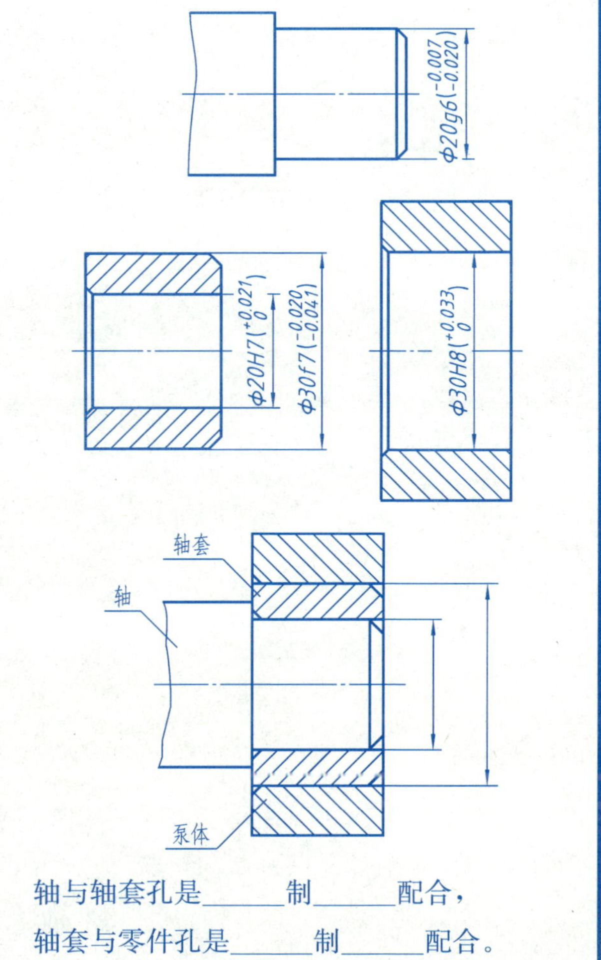

轴与轴套孔是______制______配合，

轴套与零件孔是______制______配合。

*6—6 填空说明图中几何公差代号的含义（参照例 1 进行表述）

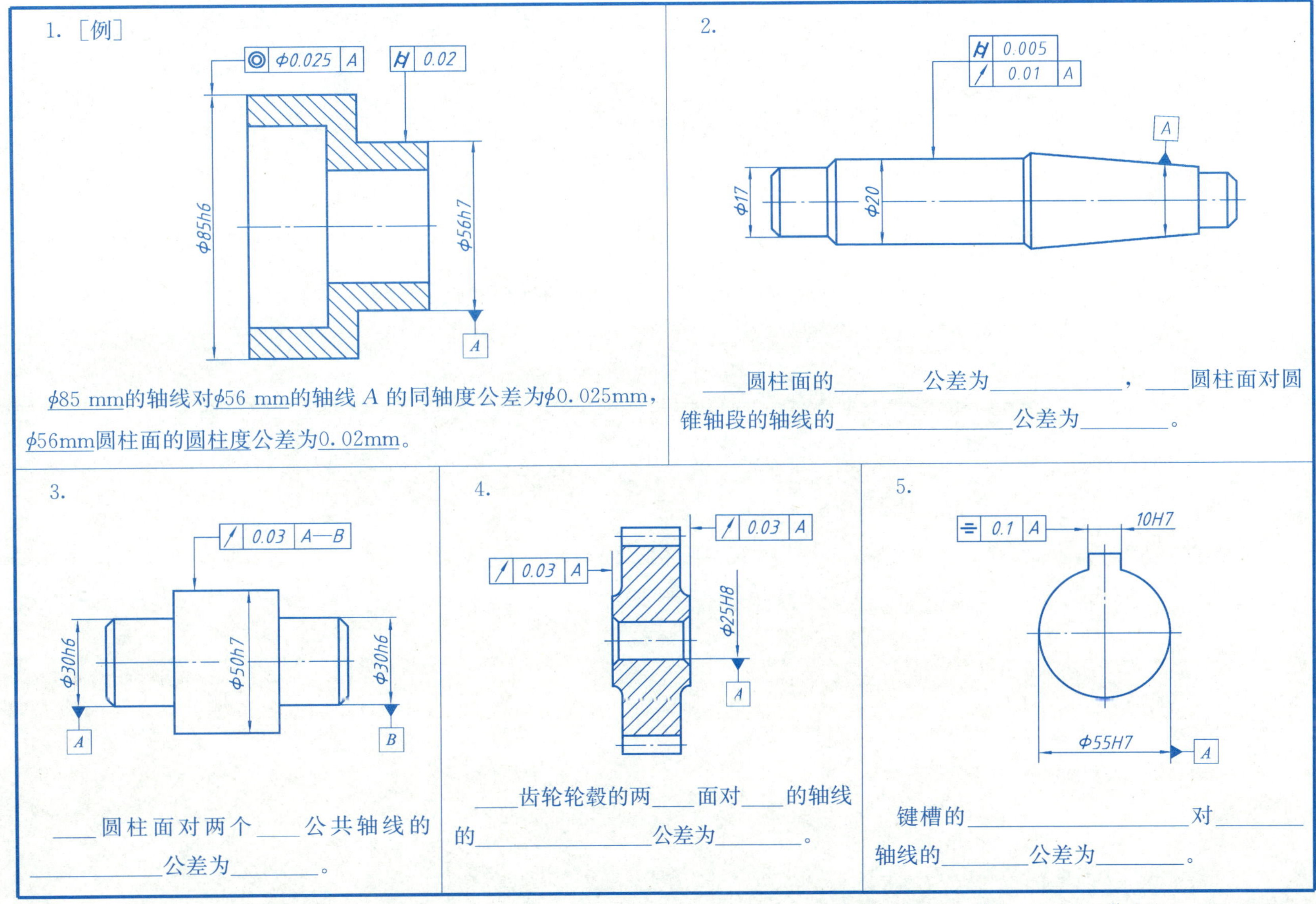

1. ［例］ φ85 mm的轴线对φ56 mm的轴线 A 的同轴度公差为φ0.025mm，φ56mm圆柱面的圆柱度公差为0.02mm。

2. ____圆柱面的________公差为__________，____圆柱面对圆锥轴段的轴线的______________公差为________。

3. ____圆柱面对两个____公共轴线的__________公差为________。

4. ____齿轮轮毂的两____面对____的轴线的______________公差为________。

5. 键槽的______________对________轴线的________公差为________。

6—7 读零件图（一）

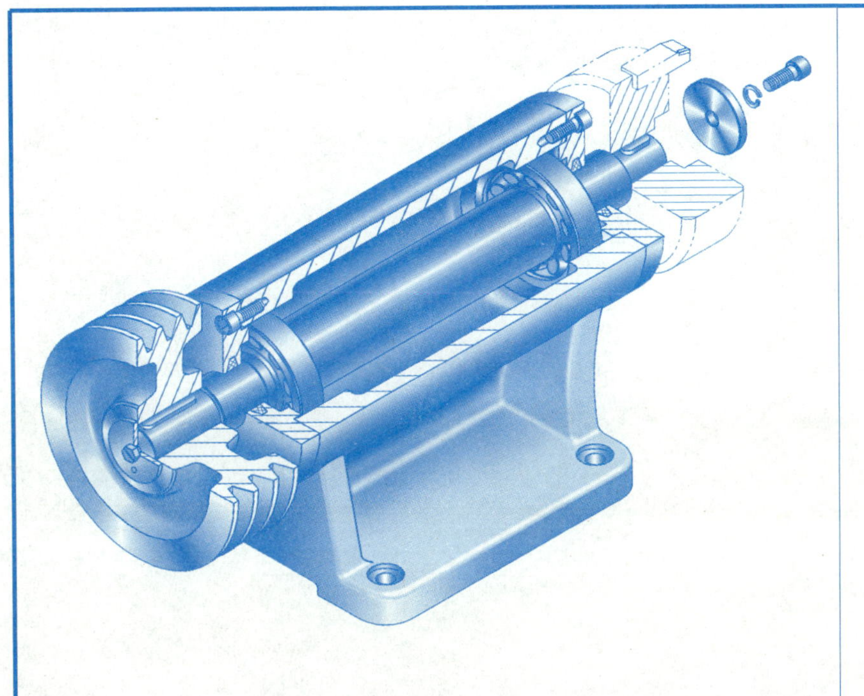

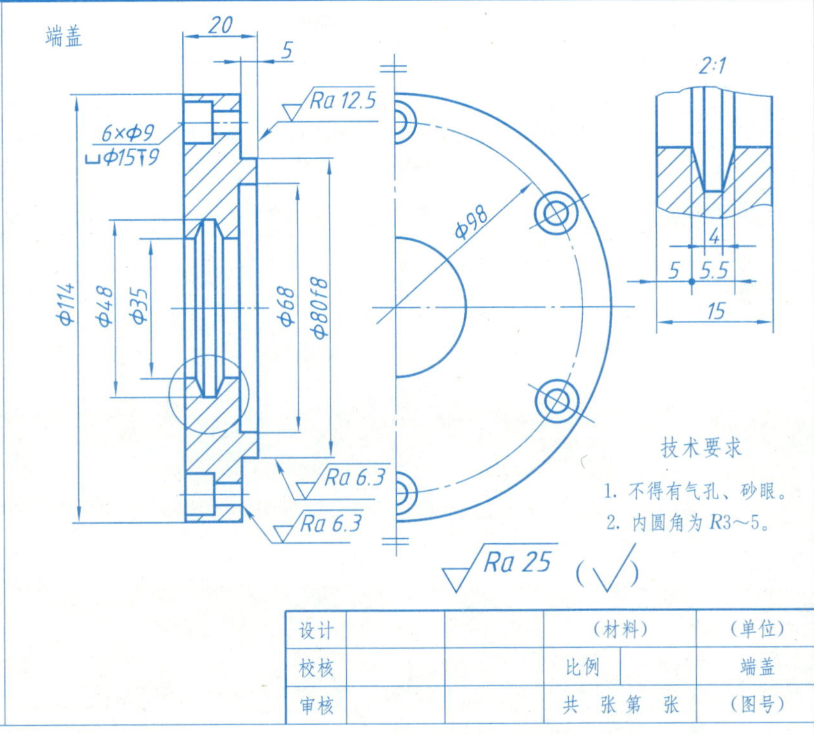

设计			（材料）		（单位）
校核			比例		端盖
审核			共　张 第　张		（图号）

识读零件图的目的是根据零件图想象零件的结构和形状，了解零件的尺寸和技术要求。为了更好地读懂零件图，要联系零件在机器或部件中的位置、功用以及与其他零件的关系来读图。本题参照铣刀头装配轴测图来识读其中三种主要零件图。

铣刀头是铣床上安装铣刀盘的部件，动力通过 V 带轮带动轴转动，轴带动铣刀盘旋转，对工件进行平面切削加工。

1. 结构分析　端盖的轴孔制有密封槽，槽内放入毛毡可防漏、防尘。端盖的周边有______个均布的沉孔，用______将其与座体连接，并实现对轴向的定位和固定。

2. 表达分析　端盖的主体结构和形状是带轴孔的同轴回转体，主视图采用______图，表达了轴孔、______和周边______的形状。左视图采用______图，画图形的一半，中心线上下各两条水平细实线是______符号。为了清晰地标注密封槽的尺寸，采用了______图表达。

3. 尺寸分析　以端盖的轴线为______基准，以右端面为______基准。与其他零件有配合功能要求的尺寸应注出公差，如______。ϕ98 是 6 个均布孔的______。

6—8 读零件图（二）

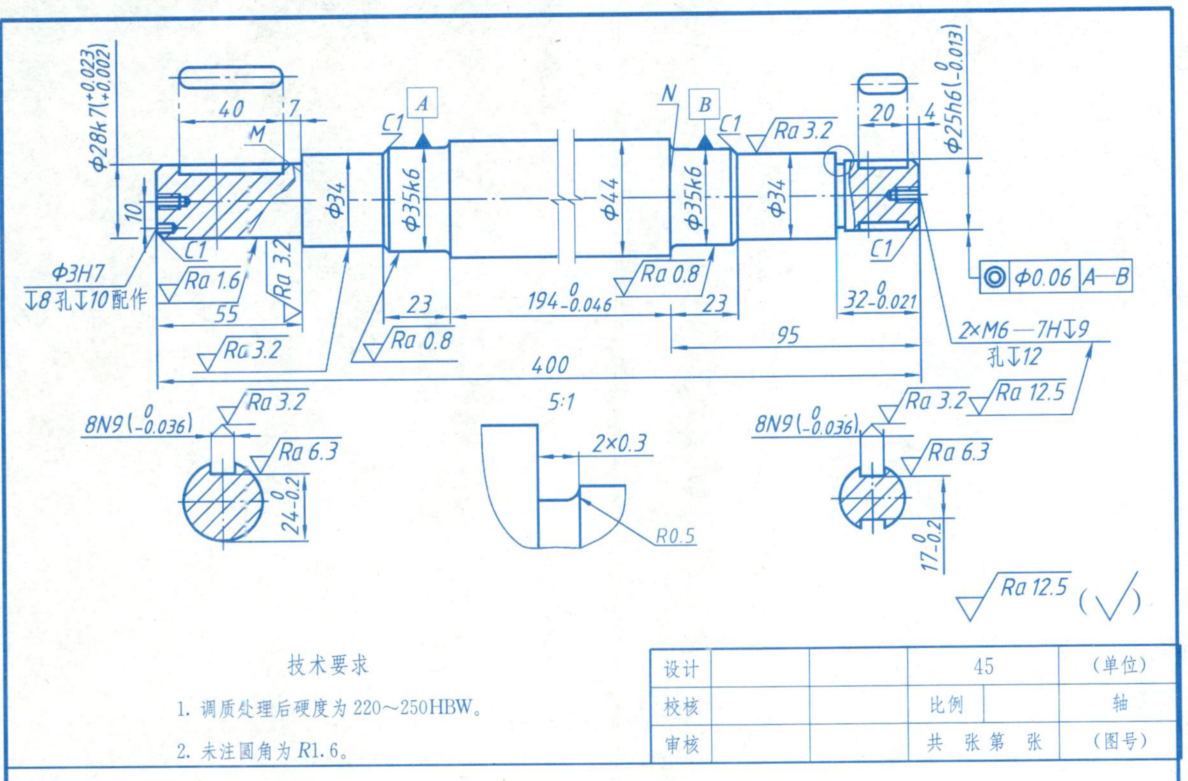

技术要求

1. 调质处理后硬度为220～250HBW。

2. 未注圆角为R1.6。

设计			45		(单位)
校核			比例		轴
审核			共 张 第 张		(图号)

1. 结构分析　参照铣刀头装配轴测图可以看出，铣刀头动力由V带轮传入，通过单个普通平键（轴的左端）连接传递给轴，再通过两个普通平键（右端）连接传递给铣刀（图中细双点画线）。所以，轴的左端轴段和右端轴段分别制有____个键槽和____个键槽。该轴有两个安装________的轴段，两头的轴段则分别用来装配________和________。此外，轴上还有加工和装配时必需的工艺结构，如倒角、越程槽等。

2. 表达分析　按轴的加工位置将其轴线水平放置，采用一个________图和若干辅助视图表达。轴的两端用________图表示键槽和螺孔、销孔。截面相同的较长轴段采用________画法。用两个断面图分别表示轴的键槽的____度和____度，用两个________图表示键槽的形状。用局部放大图表示________的结构。

3. 尺寸分析　以水平轴线为________尺寸的主要基准，由此直接注出安装V带轮、轴承和铣刀盘用的、有配合要求的轴段尺寸：____、____、____。以中间最大直径轴段的任一端面（N）为____尺寸的主要基准，由此注出____、____和____。再由轴的左、右端面和M端面为长度方向的辅助基准，由右端面注出____、____、____，由左端面注出____，由M面注出____。尺寸____是长度方向主要基准与辅助基准之间的联系尺寸。轴向尺寸不能注成封闭尺寸链，选择不重要的轴段ϕ34为________，不注长度方向尺寸。

4. 技术要求　凡注有公差的尺寸轴段均与其他零件有________要求，如注有ϕ28k7、ϕ35k6、ϕ25h6的轴段，表面质量要求较高，其上限值分别是Ra ________或Ra ________。安装铣刀头的轴段ϕ25h6尺寸线的延长线上所指的几何公差代号，其含义为ϕ25h6的轴线对公共基准轴线A—B的________公差为________。

6—9 读零件图（三）

255
40
40
Φ0.03 C
// Φ0.03 B
6×M6—7H↧20
孔↧25EQS
Ra6.3
Ra 6.3
Ra 6.3
Φ80K7(+0.009 −0.021)
Φ90
Φ80K7(+0.009 −0.021)
Φ115
Φ98
96
C2
Ra 25
C2
Ra 25
C
115
R95,R110
10
15
Ra 6.3
6
B
A
120
15
4×Φ11
⌴Φ22
Ra 25
18
Ra 3.2
5
110
150
190
A
R20
155
200
技术要求
1. 铸件不得有气孔、裂纹、缩孔等缺陷。
2. 内圆角为R3。
设计
校核
审核
HT200
比例
共 张 第 张
(单位)
座体
(图号)

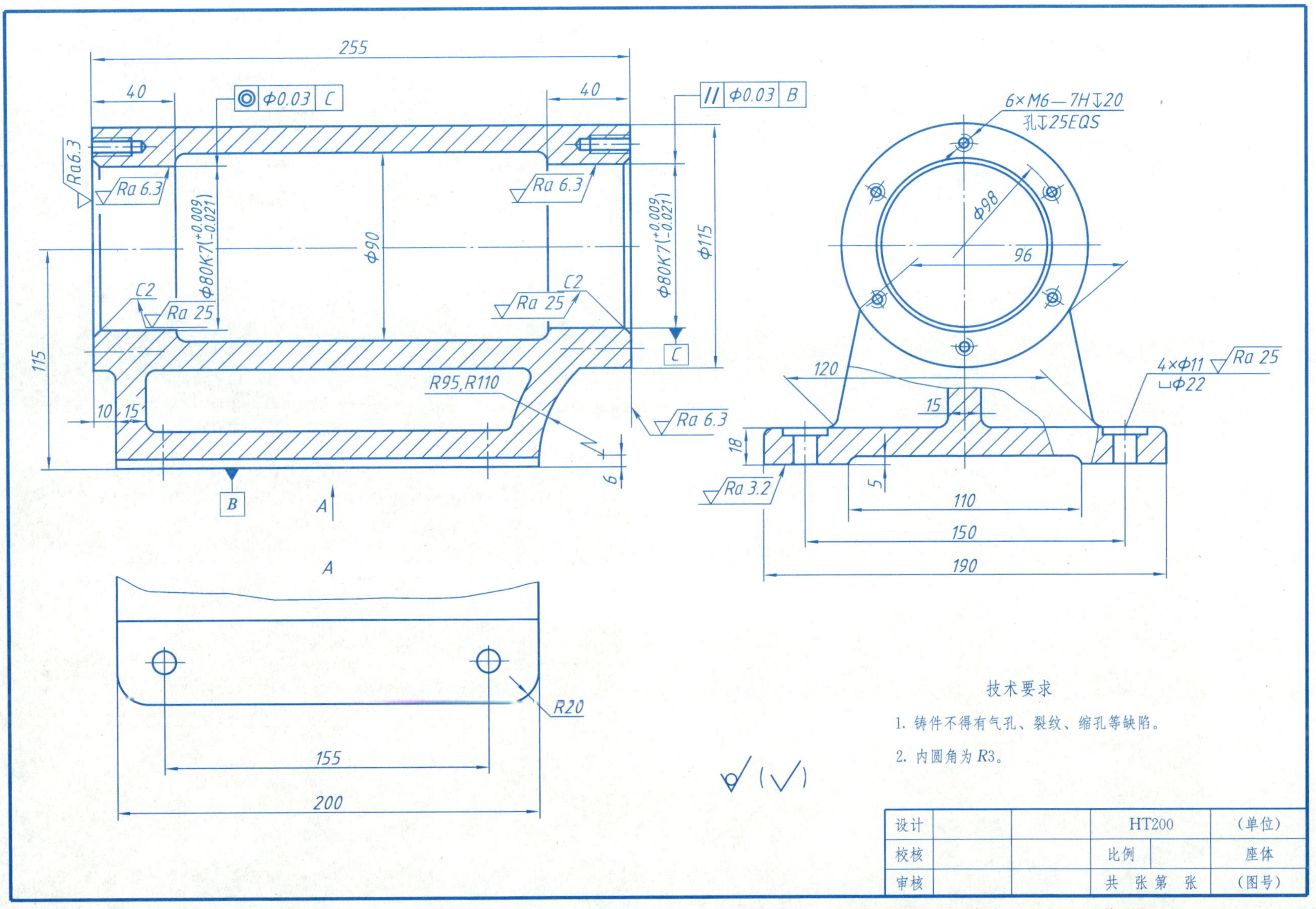

1. 结构分析　座体在铣刀头部件中起支承轴、V 带轮和铣刀盘的功用。座体的结构和形状可分为两部分：上部是圆筒状，两端的轴孔支承滚动轴承，其轴孔直径与轴承的________一致，两侧外端面制有与________连接的螺孔，座体中间部分孔的直径大于两端孔的直径，是为了________座体的质量；座体下部是带圆角的________形底板，有____个安装孔，将铣刀头安装在铣床上，为了接触平稳和减少________，底板下面的中间部分做成________。座体的上、下两部分用支承板和肋板连接。

2. 表达分析　座体的主视图按工作位置放置，采用________图，表达座体的形体特征和内部的空腔结构。左视图采用________图来表示底板和肋板的________，以及底板上沉孔和通槽的形状。在圆筒端面上表示了________的位置。由于座体的前后对称，俯视图采用 A 向________图，表示底板的圆角和________的位置。

3. 尺寸分析　选择座体的________为高度方向尺寸的主要基准，圆筒的左或右________为长度方向尺寸的主要基准，前后________为宽度方向尺寸的主要基准。直接注出设计要求的结构尺寸和有配合要求的尺寸，如主视图中的尺寸 115 是确定圆筒轴线________的尺寸，ϕ80K7 孔是与________配合的尺寸，40 是两端轴孔长度方向的________尺寸。左视图和 A 向局部视图中的尺寸 150 和 155 是 4 个________的定位尺寸。

4. 解释

（1）“6×M6—7H↧20 孔↧25EQS”的含义：6 是________，________是螺孔的标记，↧20 是对螺孔________的要求，孔↧25 是指________的要求，EQS 是________。

（2）ϕ80K7 的含义，公称尺寸为________，标准公差等级为________级，基本偏差代号为________的孔。

（3）| // | ϕ0.03 | B | 的含义：被测要素______________对基准要素_________的_________公差为________ mm。

6—10 第五次作业——零件图（一）

作业提示

1. 抄画一张完整的零件图：支架，比例、图幅自定。

2. 抄画前应仔细阅读零件图，根据图形和尺寸想象出零件的形状与细部结构。

3. 布图时，应按图形的大小和数量先画出图形的基准线，并注意留出标注尺寸和注写技术要求的位置。

4. 画图顺序：先画出图形，再依次标注尺寸，注写技术要求，填写标题栏。

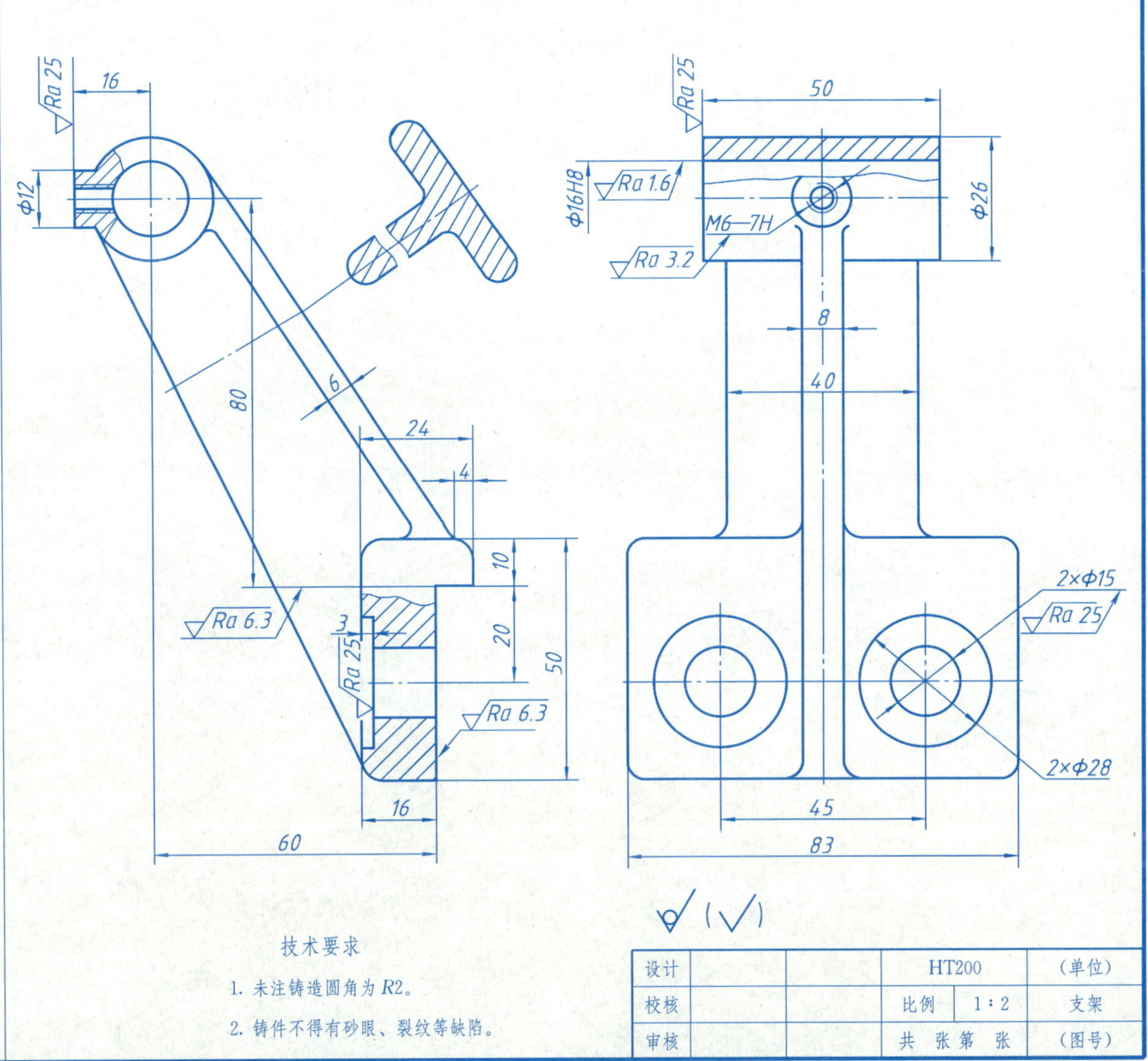

6—11　读零件图（四）

读托架零件图（见下页）

1. 填空

（1）托架零件图用了____个视图，它们是两处采用______剖视的______图、______图、B 向______图和______图。

（2）尺寸 ϕ35H8 中的 ϕ35 是______尺寸，H8 是__________代号，H 是________代号，8 是________代号。

（3）托架安装顶面有两个______形的安装孔，顶面的表面粗糙度为 Ra ________。

（4）几何公差框格 | ⊥ | ϕ0.015 | A | 表示________________的轴线对顶面 A 的______公差为________。

（5）图中标记的代号 $\sqrt{Ra\ 6.3}$ 表示该表面用________的工艺方法获得，代号中的 Ra 是评定表面结构的轮廓参数中的______度参数之一，称为________偏差。

2. 在零件图中用符号▲指出长、宽、高方向的主要尺寸基准

3. 补画左视图（外形图中细虚线可省略；尺规画图或徒手画图由教师指定）

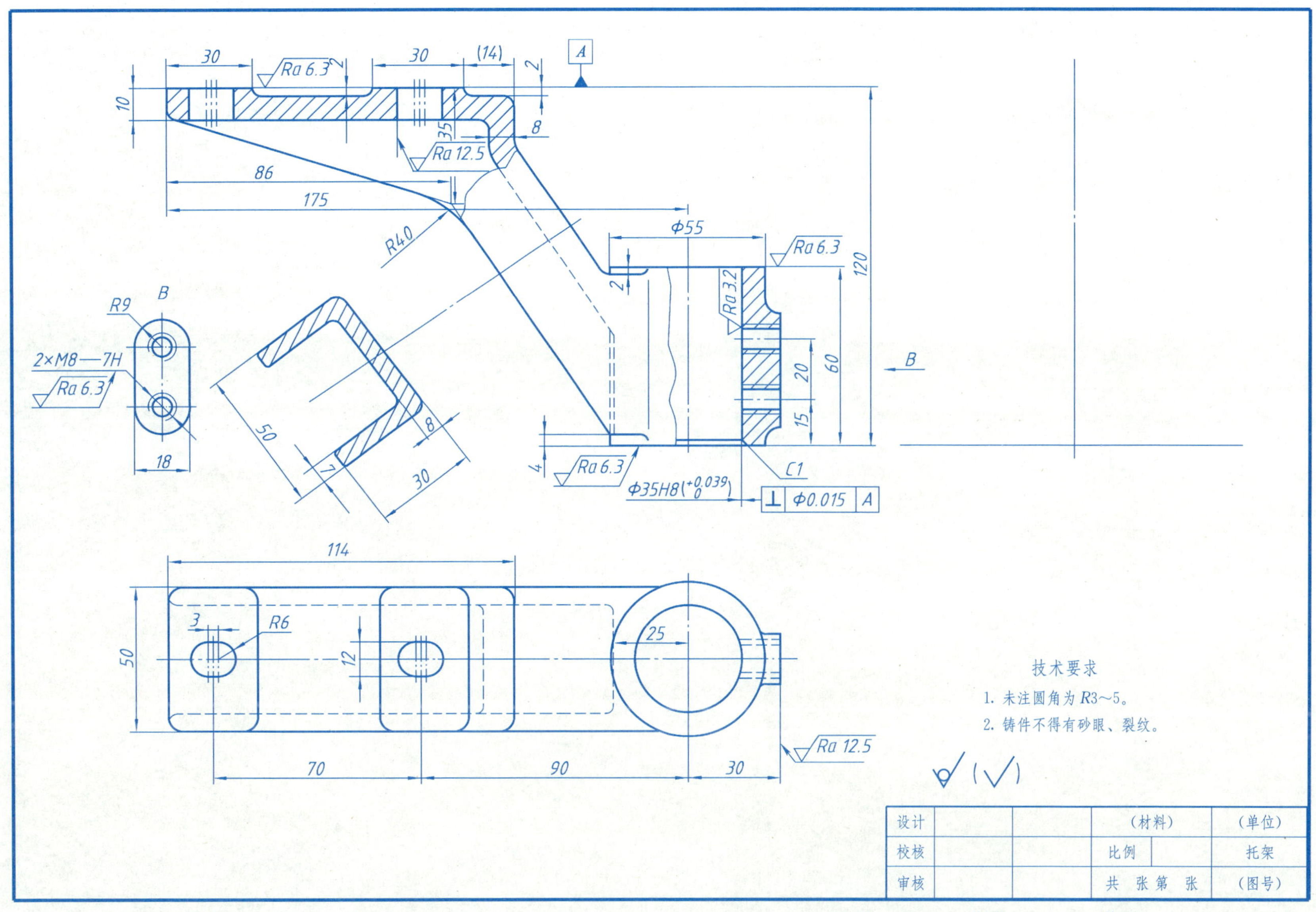
A
B
R9
2×M8—7H
Ra 6.3
18
R40
Φ55
Ra 3.2
C1
Φ35H8($^{+0.039}_{0}$)
⊥ Φ0.015 A
114
R6
25
70
90
30
Ra 12.5
技术要求
1. 未注圆角为 R3～5。
2. 铸件不得有砂眼、裂纹。
设计
校核
审核
(材料)
比例
共 张 第 张
(单位)
托架
(图号)

6—12 第六次作业——零件图（二）

作业提示

由教师指定徒手绘制下列立体图所示零件的零件草图，选用恰当的表达方案，完整、清晰地表达该零件的结构和形状，标注全部尺寸及技术要求，并用尺规绘制零件图。表面粗糙度自定。

零件名称：支座（前后、左右对称）

材料：HT150

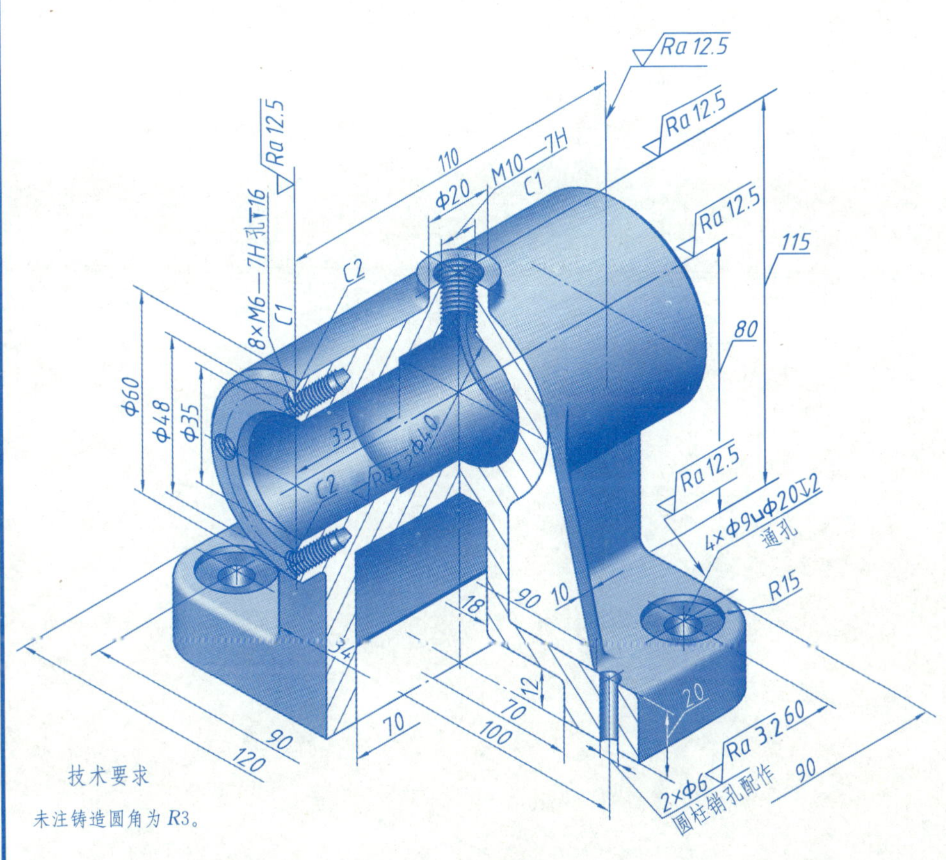

技术要求

未注铸造圆角为R3。

1. 填空题（每空 2 分，共 36 分）

（1）一张完整的零件图一般应包括________、________、________、________四项内容。

（2）选择零件的主视图时应综合考虑零件的________和主视图的________。

（3）主视图的投射方向应该能够反映零件的主要________。

（4）零件图中零件的重要尺寸应________标注。

（5）零件在长、宽、高三个方向都应有标注尺寸的________。

（6）表面结构是__________、表面波纹度、表面缺陷、表面纹理和表面________的总称。

（7）表面结构的注写和读取方向与尺寸注写和读取方向________。

（8）配合分为________、________和________三类。

（9）几何公差包括形状公差、方向公差、________和________。

（10）当被测要素为轴线或中心平面时，箭头应位于______的延长线上。

2. 识读零件图（下页），并完成填空（每空 2 分，共 38 分）

（1）该零件是________，材料为________。零件图共用了三个视图，分别是________、________和________。主视图是________视图，且两处采用了______，目的是表达______________。

（2）底板上 2 个 $\phi 12$ 孔的定位尺寸为________________。

（3）2×M12—7H 表示________________________________，其定位尺寸为____________________。

（4）零件高度方向的主要尺寸基准为______。

（5）G1 表示____________________________________。

（6）$\phi 50$H8 的含义：$\phi 50$ 为________，H 为____________代号，8 是____________。

（7）| ◎ | $\phi 0.01$ | A | 表示________________对________________________________。

（8）$\phi 50$H8 圆柱孔的表面粗糙度为 Ra ________。

3. 在指定位置补画 C 向局部视图（下页）（26 分）

班级　　　　姓名　　　　学号

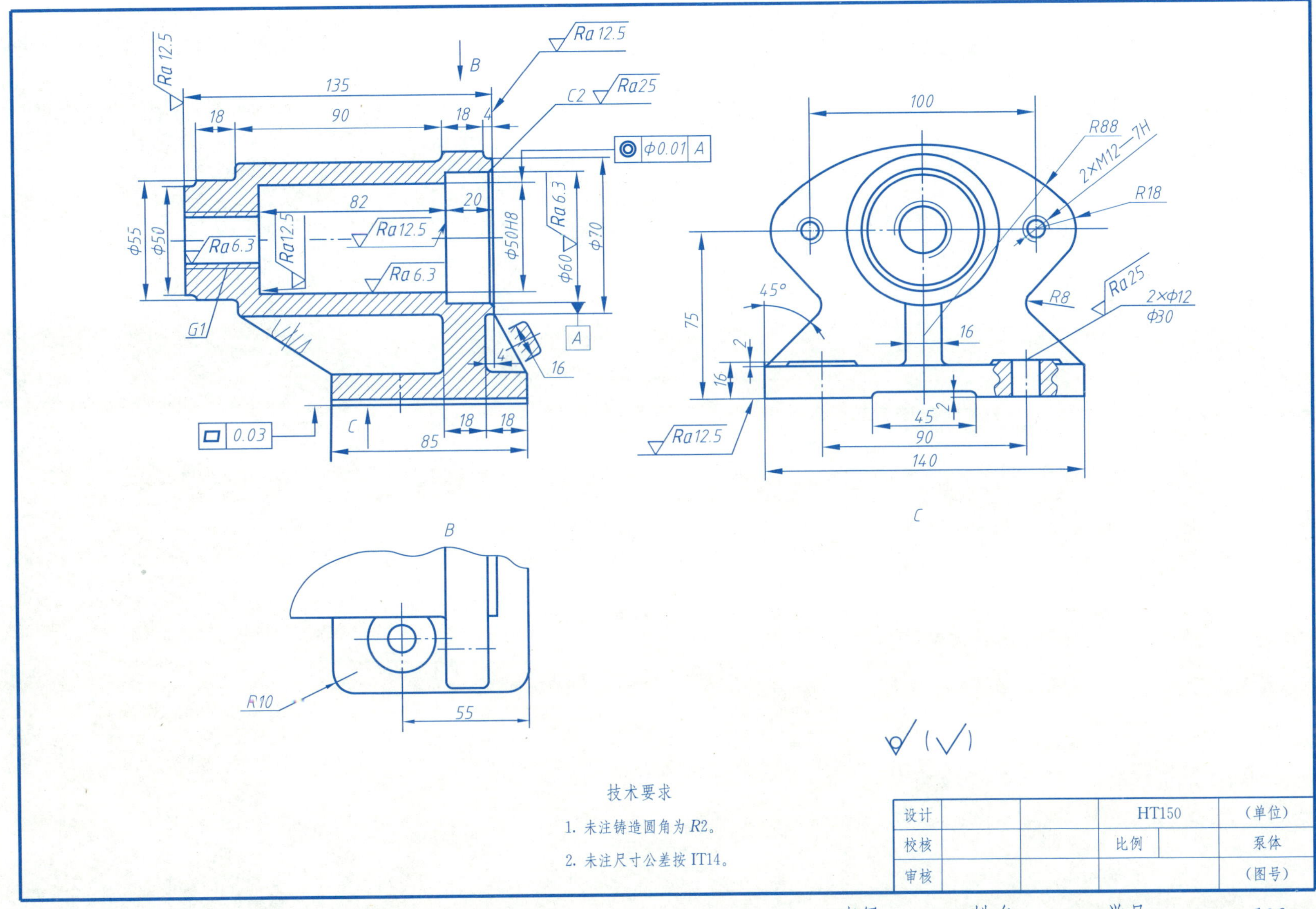

Ra 12.5
B
Ra 12.5
135
C2
Ra25
18
90
18
4
Φ0.01 A
82
20
Φ55
Φ50
Ra 6.3
Ra 12.5
Ra12.5
Ra 6.3
Φ50H8
Ra 6.3
Φ60
Φ70
A
G1
4
16
0.03
C
85
18
18
100
R88
2×M12—7H
R18
45°
75
2
16
16
R8
Ra25
2×Φ12
Φ30
45
2
90
140
Ra12.5
C
B
R10
55
技术要求
1. 未注铸造圆角为 R2。
2. 未注尺寸公差按 IT14。
设计
校核
审核
HT150
比例
(单位)
泵体
(图号)

第 7 章 装配图

7—1 第七次作业——画装配图（G1/2 阀或千斤顶，图幅、比例自定）

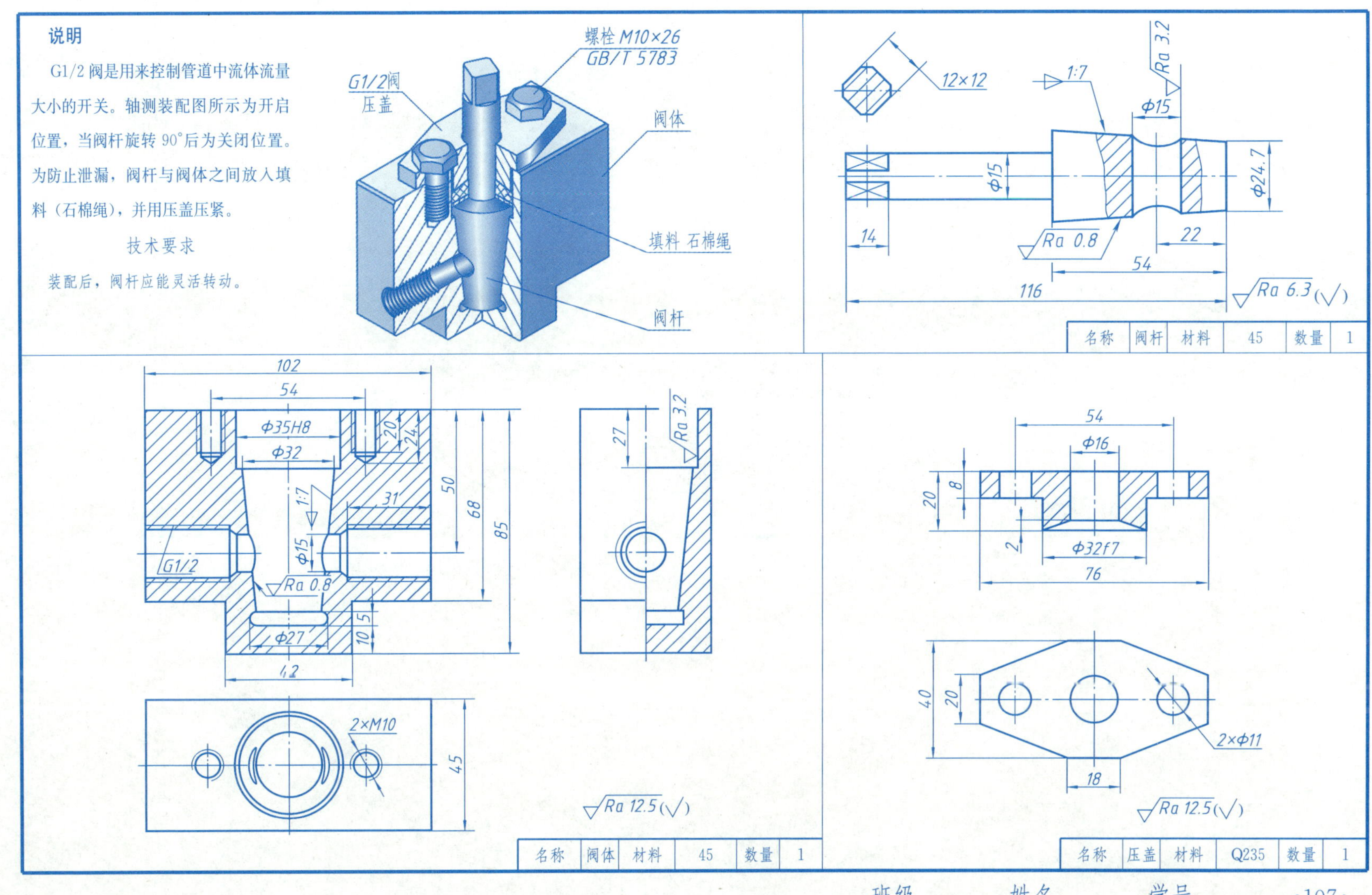

要求：

1. 仔细阅读千斤顶工作原理、部分零件图及轴测装配图（有条件的学校可提供千斤顶实物），绘制装配图。

2. 绘制底座零件图。图幅和绘制比例自定。

3. 画千斤顶装配图（可根据专业选作）。

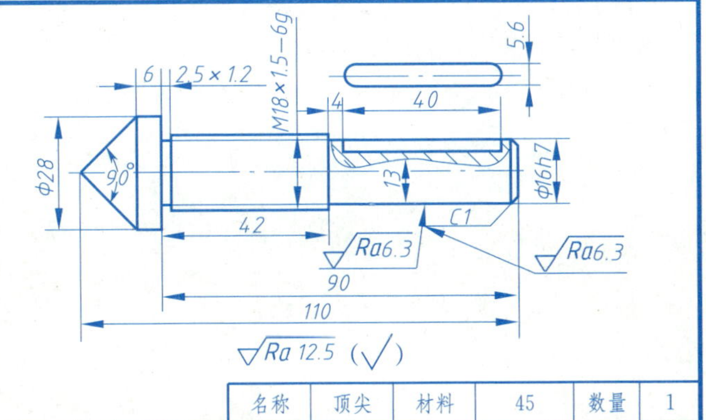

千斤顶工作原理

转动调节螺母 3，使顶尖 4 顶起重物上升或下降。螺钉 2 的头部嵌入顶尖的长圆槽中，起导向和限位作用。

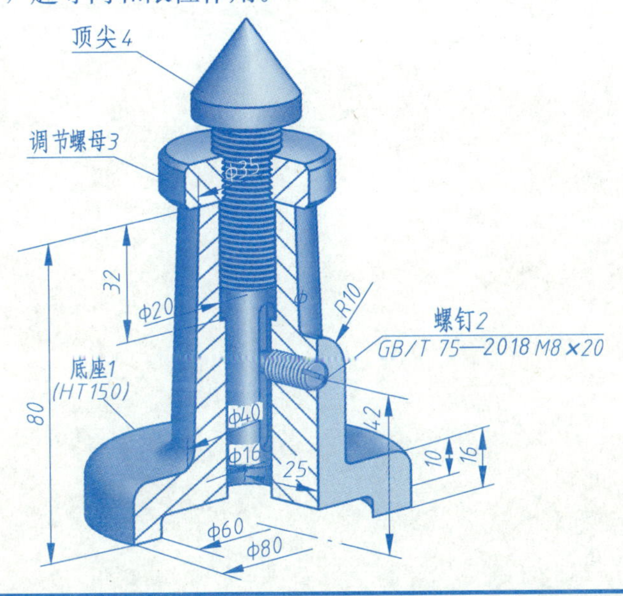

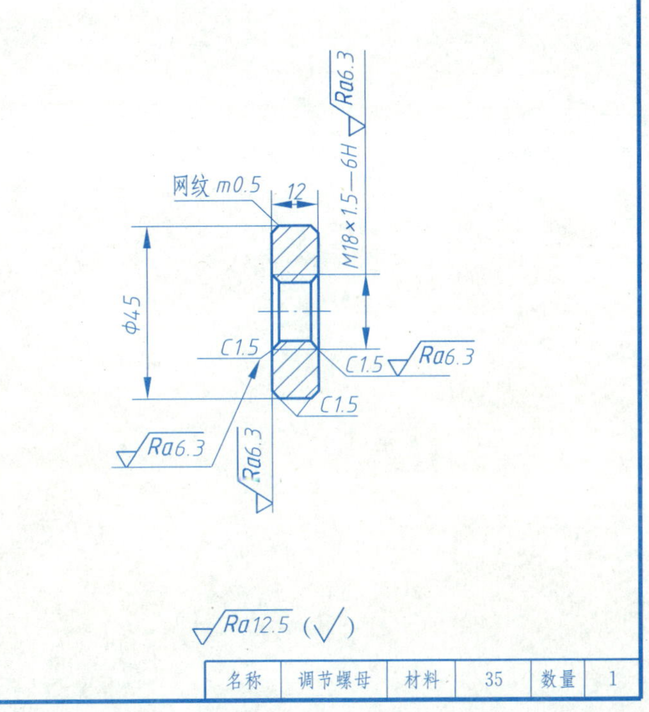

7—2 读装配图：换向阀（工作原理与读图要求见第 111 页）

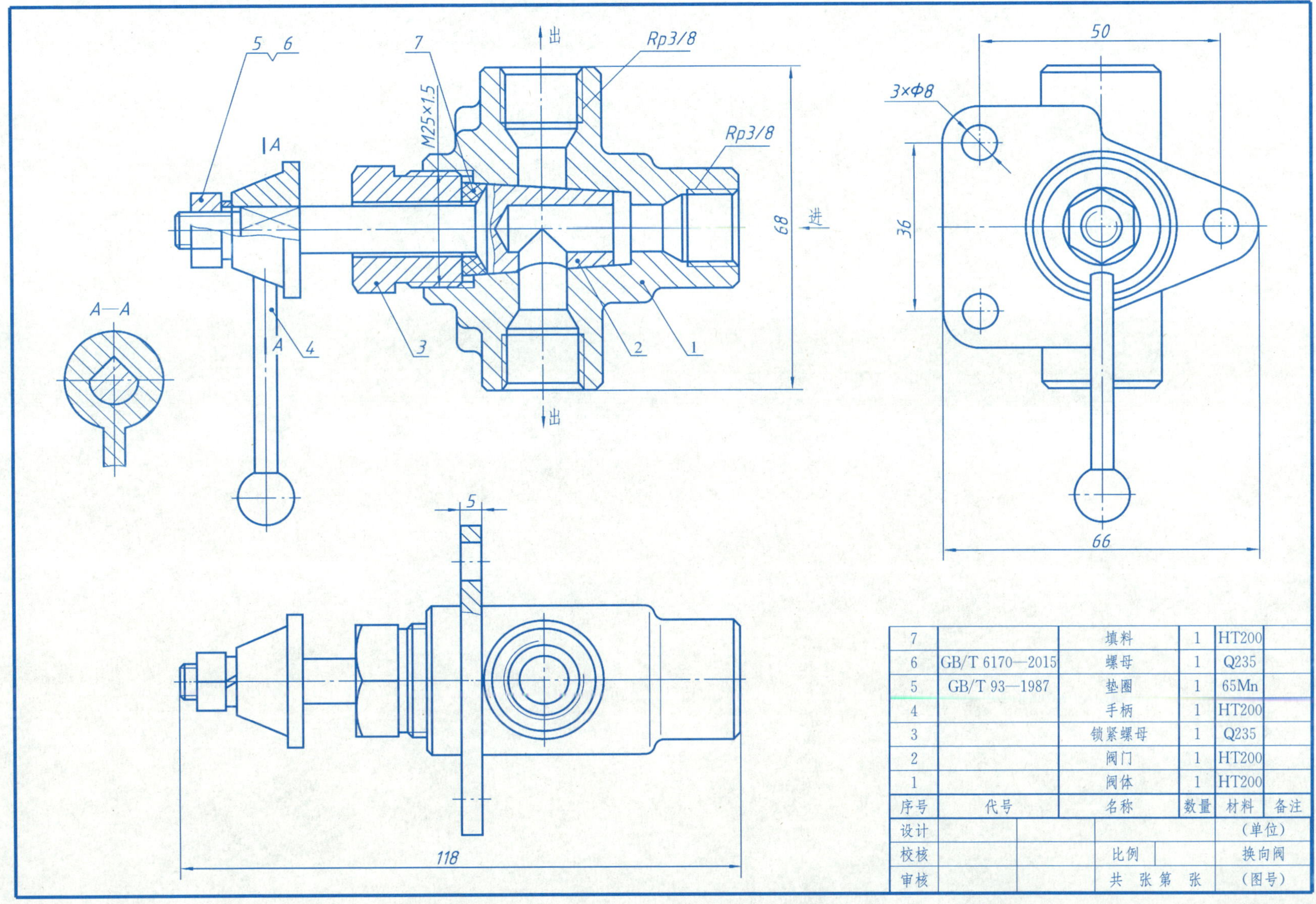

7		填料	1	HT200	
6	GB/T 6170—2015	螺母	1	Q235	
5	GB/T 93—1987	垫圈	1	65Mn	
4		手柄	1	HT200	
3		锁紧螺母	1	Q235	
2		阀门	1	HT200	
1		阀体	1	HT200	
序号	代号	名称	数量	材料	备注

设计					（单位）
校核			比例		换向阀
审核			共 张 第 张		（图号）

看懂夹线体装配图，拆画件 2 夹套零件图（A3 图纸）

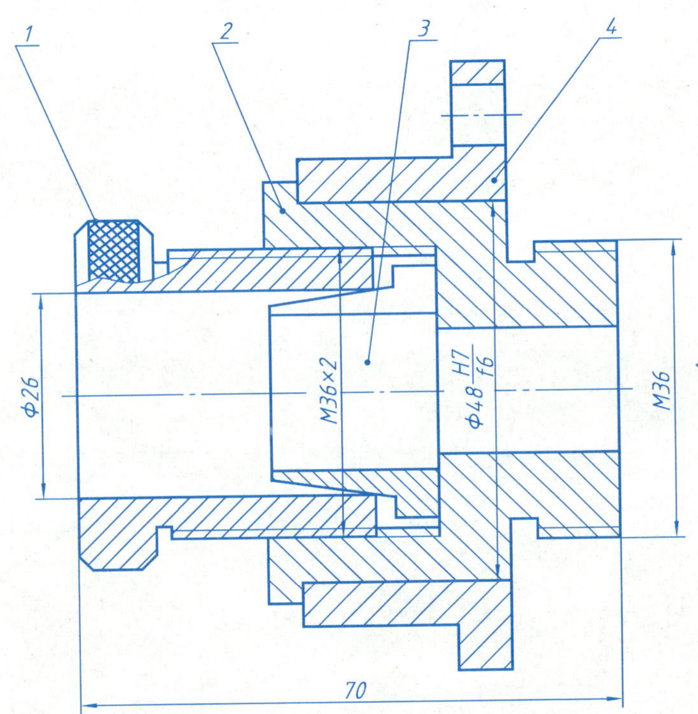

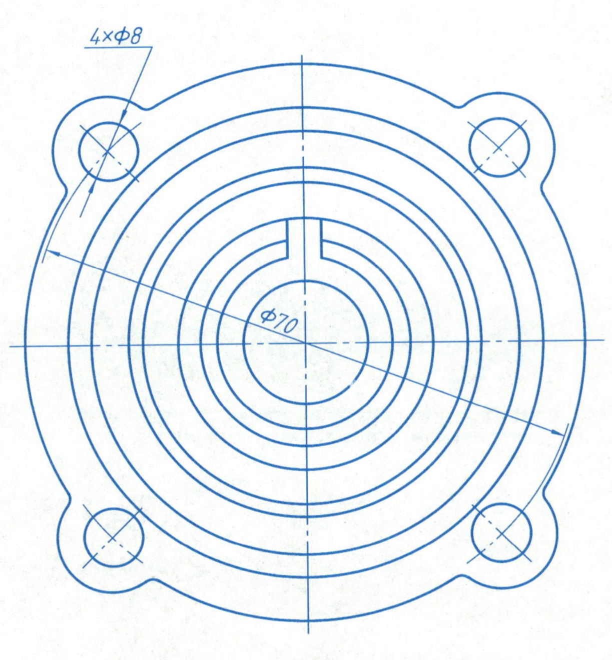

工作原理

夹线体是将线穿入衬套 3 中，然后旋转手动压套 1，通过螺纹 M36×2 使手动压套向右移动，沿着锥面接触使衬套向中心收缩（因在衬套上开有槽），从而夹紧线体，当衬套夹住线后，还可以与手动压套 1、夹套 2 一起在盘座 4 的 φ48 mm 孔中旋转。

作业提示

1. 拆画零件图应在读懂装配图，并弄清装配关系和零件结构形状的基础上进行。
2. 按剖面线方向和投影关系分离出被拆画的零件。
3. 对零件尚未表示清楚或被遮挡的部分，应根据零件的功用和使用要求补画完整。零件上的结构要素应查有关标准手册确定。

4		盘座	1	45	
3		衬套	1	Q235	
2		夹套	1	Q235	
1		手动压套	1	Q235	
序号	代号	名称	数量	材料	备注

设计				（单位）
校核			比例	夹线体
审核			共　张 第　张	（图号）

换向阀工作原理

换向阀用于流体管路中控制流体的输出方向。在图示（第 109 页）情况下，流体从右边进入，从下出口流出。当转动手柄 4，使阀门 2 旋转 180°时，下出口不通，流体从上出口流出。根据手柄转动角度的大小，还可以调节流量的大小。

1. 回答下列问题

（1）本装配图共用____个图形表达，*A*—*A* 断面图表示______和______之间的装配关系。

（2）换向阀由____种零件组成，其中标准件有____种。

（3）换向阀的规格尺寸为________。图中标记 Rp3/8 的含义：Rp 是________代号，它表示______________________螺纹，3/8 是________代号。

（4）左视图上 3×ϕ8 mm 孔的作用是________，其定位尺寸为____和____。

（5）锁紧螺母的作用是______________________________。

2. 由教师指定拆画零件图（装配图参见第 109 页）

1. 识读装配图，填空回答问题（每空 2 分，共 34 分）

（1）装配图包括________、__________、________和______________________四项内容。

（2）推杆阀用了______个视图表达，其中主视图和俯视图采用______视图，*B* 向为______视图。

（3）推杆阀由___个零件组成，有___个是由材料 HT200 制成的。

（4）装配图中有____处标注了配合尺寸，分别是____________、______________、______________、______________。

（5）推杆阀是常用于管道系统中的部件。通常在弹簧的作用下，钢珠处于常____状态；当向左推动推杆时，钢珠______，左侧管路（进口）和中下部管路（出口）导通；一旦撤掉推力，钢珠在弹簧作用下自动______。

2. 拆画管接头 6 零件图（按第 112 页图中图形比例及尺寸量取，取整数，66 分）

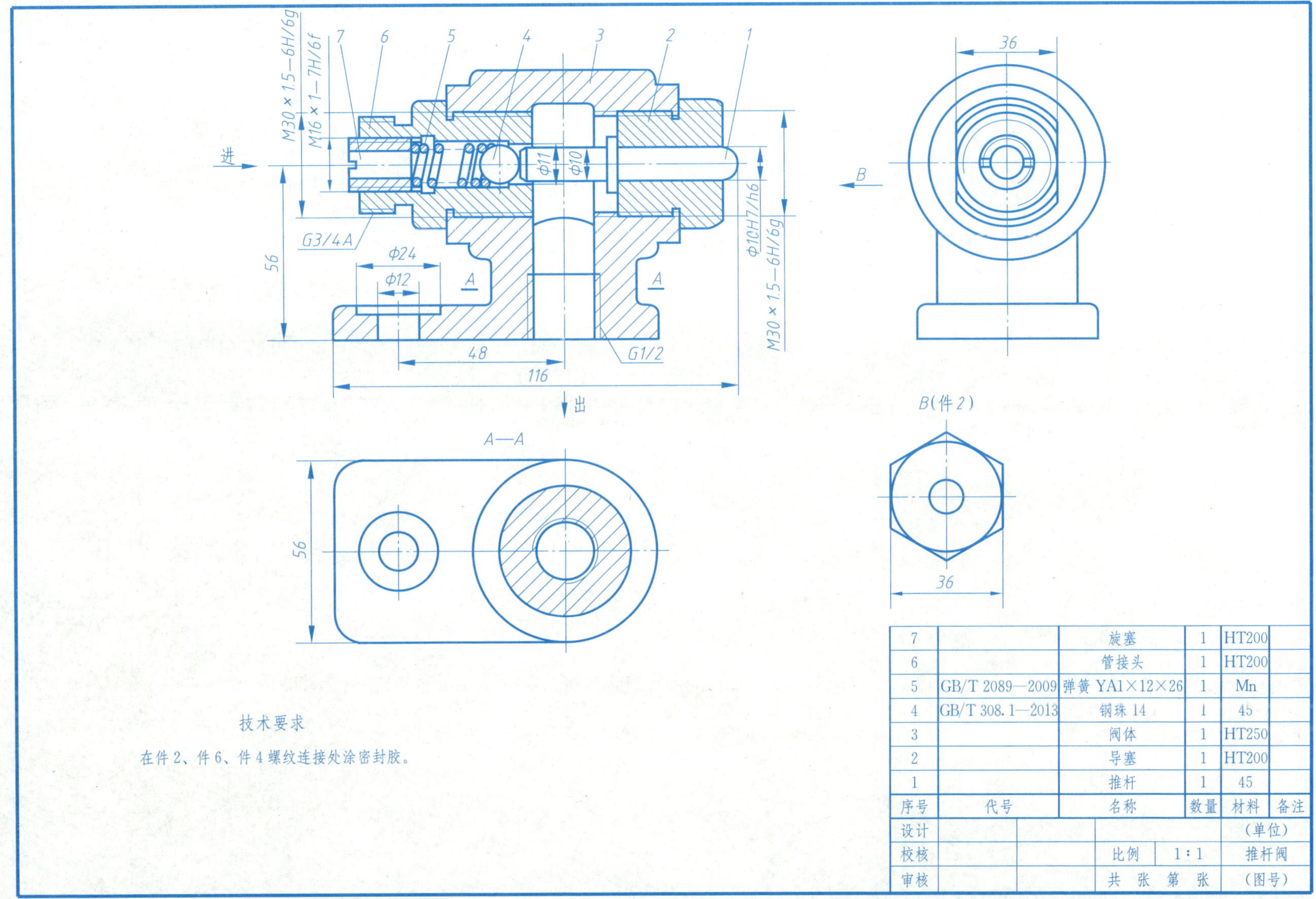

技术要求

在件 2、件 6、件 4 螺纹连接处涂密封胶。

7		旋塞	1	HT200	
6		管接头	1	HT200	
5	GB/T 2089—2009	弹簧 YA1×12×26	1	Mn	
4	GB/T 308.1—2013	钢珠 14	1	45	
3		阀体	1	HT250	
2		导塞	1	HT200	
1		推杆	1	45	
序号	代号	名称	数量	材料	备注

设计					(单位)
校核			比例	1∶1	推杆阀
审核			共　张　第　张		(图号)

班级　　　　姓名　　　　学号

＊第 8 章　其他专业图样

8—1　读焊接图（一）

本题为轴承挂架焊接图。件 4 为支承轴的主体——圆筒，件 1 为墙板，件 2 和件 3 为增加承载能力的加强板——横板和肋板。

读懂焊缝符号，回答下列问题：

（1）焊缝符号 4◺○ 表示墙板 1 与圆筒 4 之间________进行焊接，◺表示______，其焊脚高度为______。

（2）焊缝符号 5◺<111 的两条箭头表示所指的两条大焊缝的焊接要求________，角焊缝的焊脚高度为______。<111 表示__________（下同）。

（3）焊缝符号 3/5 30° 2 <111 表示横板 2 与墙板 1 的焊缝是______，横板上表面为__________，坡口角度为____，间隙为____，坡口深度为____。横板下表面的焊缝是焊脚高度为____的角焊缝。

（4）焊缝符号 5▷3×12(8) <111 表示横板 2 与肋板 3 之间、肋板 3 与圆筒 4 之间均为________，焊脚高度为____，"3×12（8）"表示有____段断续双面______，焊缝长度为____，断续焊缝间距为____。

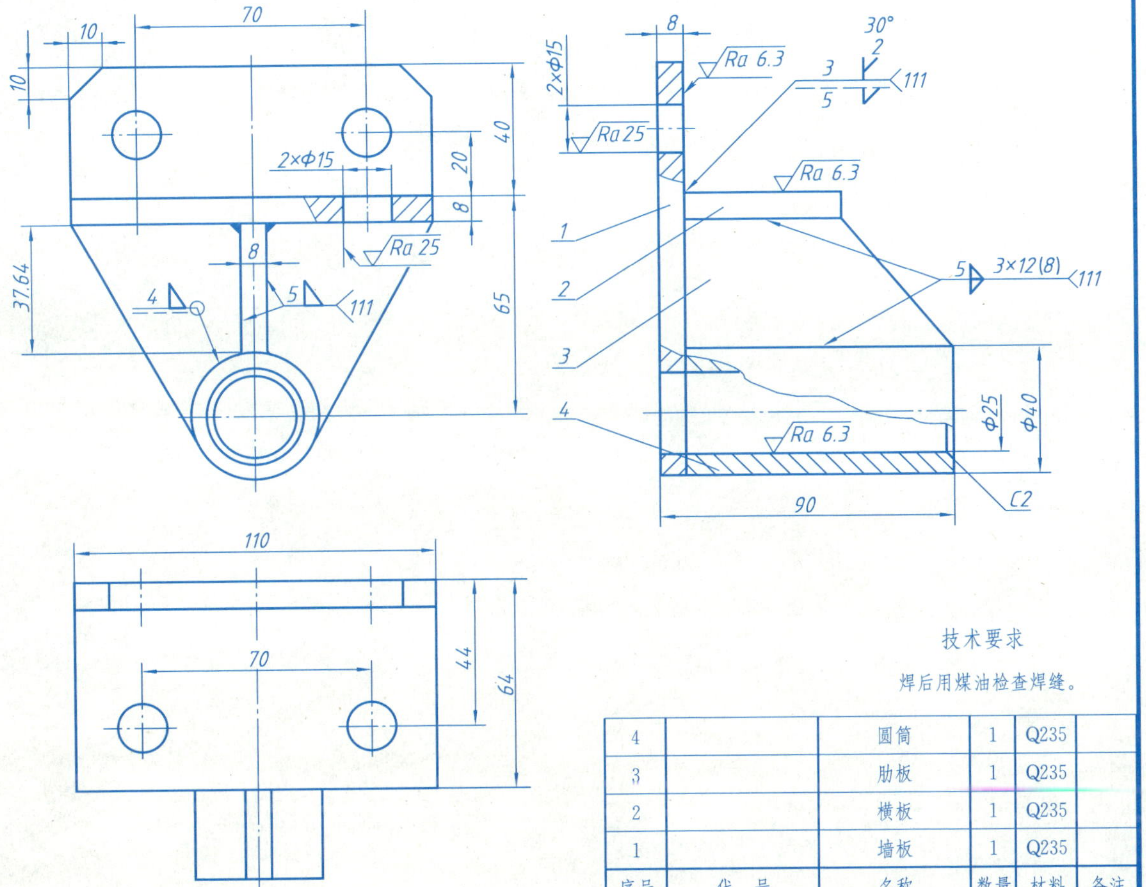

技术要求

焊后用煤油检查焊缝。

4		圆筒	1	Q235	
3		肋板	1	Q235	
2		横板	1	Q235	
1		墙板	1	Q235	
序号	代　号	名称	数量	材料	备注

设计				（单位）
校核		比例		挂架
审核		共　张　第　张		（图号）

班级　　姓名　　学号

8—2 读焊接图（二）

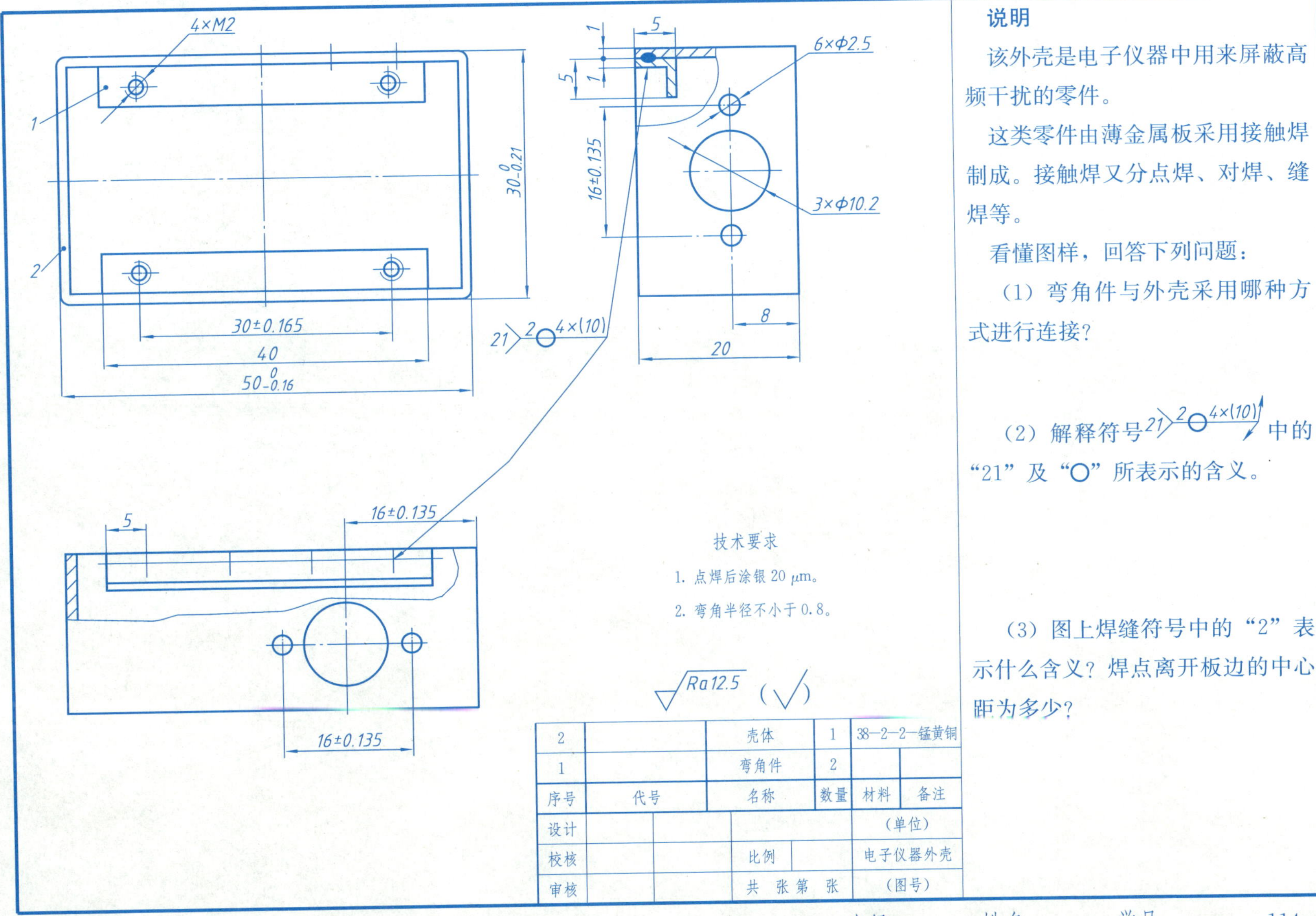

说明

该外壳是电子仪器中用来屏蔽高频干扰的零件。

这类零件由薄金属板采用接触焊制成。接触焊又分点焊、对焊、缝焊等。

看懂图样，回答下列问题：

（1）弯角件与外壳采用哪种方式进行连接？

（2）解释符号 21 ⟩ 2 ○ 4×(10) 中的“21”及“○”所表示的含义。

（3）图上焊缝符号中的“2”表示什么含义？焊点离开板边的中心距为多少？

8—3 展开图（一）

1. 分别作出排烟罩下部四棱台和上部带斜口的正四棱柱的展开图

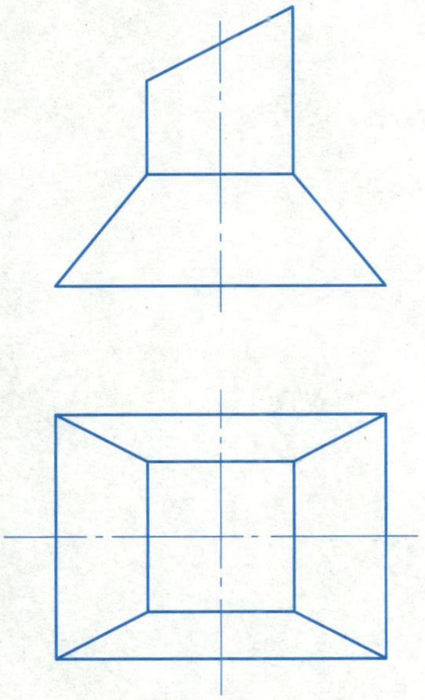

2. 画出五节直角弯管中一个端节的展开图

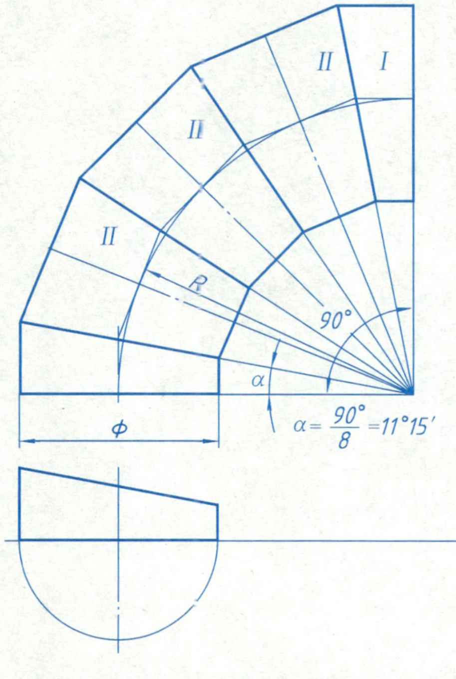

I

II

II

II

R

90°

α

$\alpha=\frac{90°}{8}=11°15'$

ϕ

8—4 展开图（二）

1. 分别画出圆柱管与半圆柱箱体正交的展开图

2. 画出料斗（上口矩形与下口圆形）的展开图

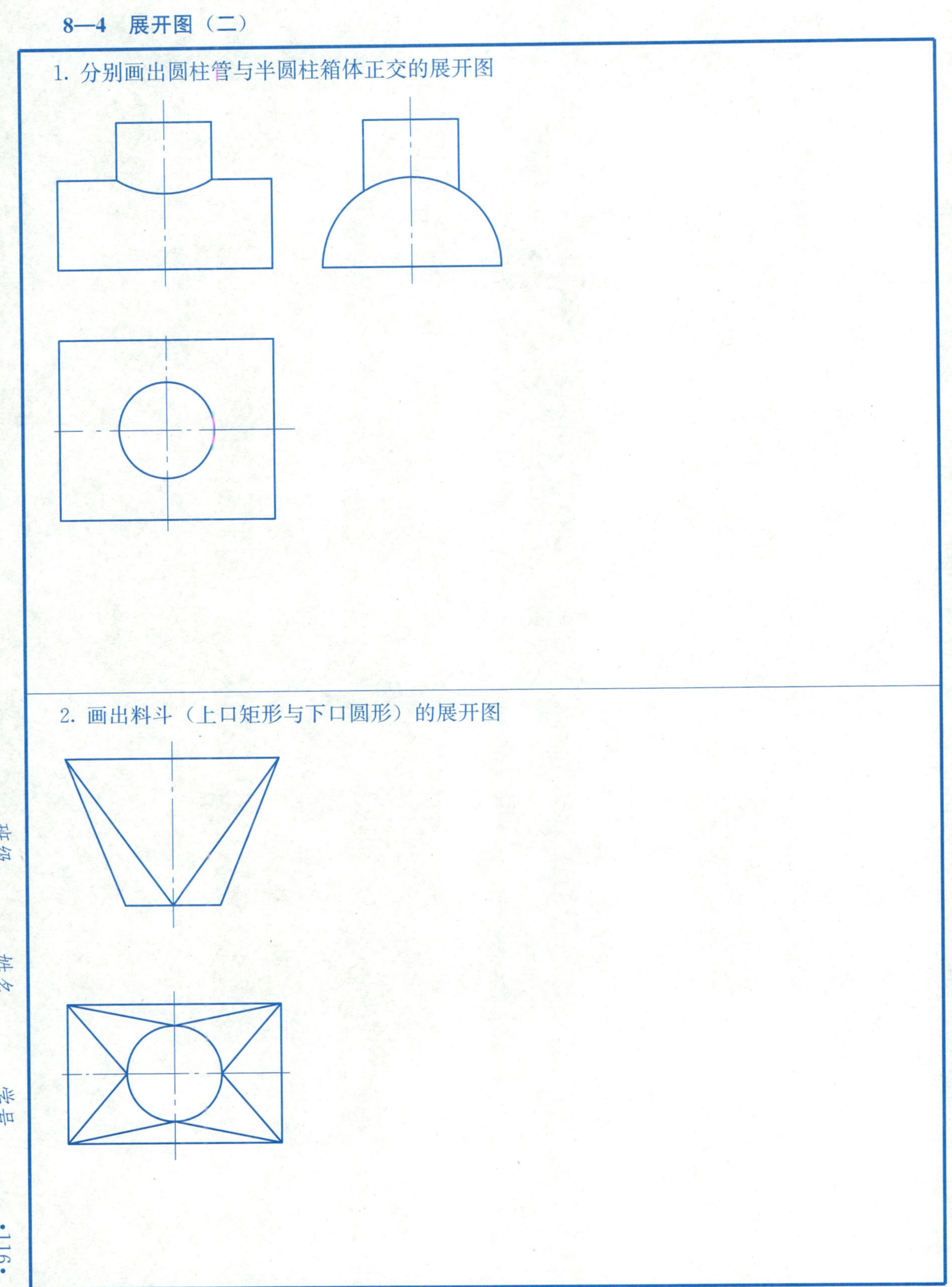